Olukayode Olubiyi
Chun-Woo Lee

Conceção e teste de uma rede de arrasto tripla para camarão

Olukayode Olubiyi
Chun-Woo Lee

Conceção e teste de uma rede de arrasto tripla para camarão

Por análise numérica e experiências com modelos

ScienciaScripts

Imprint

Cover image: www.ingimage.com

This book is a translation from the original published under ISBN 978-620-7-64751-4.

Publisher:
Sciencia Scripts
is a trademark of
Dodo Books Indian Ocean Ltd. and OmniScriptum S.R.L publishing group

120 High Road, East Finchley, London, N2 9ED, United Kingdom
Str. Armeneasca 28/1, office 1, Chisinau MD-2012, Republic of Moldova, Europe
Managing Directors: Ieva Konstantinova, Victoria Ursu
info@omniscriptum.com

Printed at: see last page
ISBN: 978-620-8-57061-3

Conteúdo

Resumo

Uma rede de arrasto de fundo tradicional foi simulada com o software de simulação do Laboratório de Sistemas de Produção Marinha (MPSL), enquanto o seu modelo à escala 1:20 foi testado com base na lei de Tauti no tanque de calha da Universidade Nacional de Pukyong.

O painel superior do modelo (quadrado e primeira barriga), que representa 22,5% da área total do fio, foi retirado e o modelo sem cobertura voltou a ser testado no tanque de calha. O arrasto medido da rede de arrasto coberta foi superior ao da rede de arrasto sem cobertura em 27%, 19% e 9% à velocidade convertida de 1,0, 1,25 e 1,5 m/s, respetivamente. Os arrastos simulados dos modelos de rede de arrasto com cobertura e sem cobertura apresentaram um intervalo muito próximo, mas o arrasto da rede de arrasto com cobertura foi superior em 6%, 5% e 2% à velocidade de arrasto de 1,0, 1,25 e 1,5 m/s, respetivamente.

A partir dos resultados, foram concebidas e simuladas uma rede de arrasto tripla sem topo, uma rede de arrasto dupla coberta e uma rede de arrasto simples. A rede de arrasto tripla sem cabeça simulada foi comparada com uma rede de arrasto dupla e simples com a mesma área total de fio. A abertura da extremidade da asa da rede de arrasto tripla simulada era 15% a 20% mais larga do que a da rede de arrasto dupla a todas as velocidades de arrasto. O volume varrido da rede de arrasto tripla era 25% superior ao da rede de arrasto dupla e 36% superior ao da rede de arrasto simples a 1,0 m/s. medida que a velocidade aumenta, as diferenças no volume varrido diminuem. A rede de arrasto tripla sem cabeça cumpriu o objetivo de uma maior dispersão horizontal. Esperamos que a rede de arrasto tripla para camarão ajude a minimizar as capturas acessórias e a otimizar a potência de arrasto.

1 INTRODUÇÃO

1.1 Antecedentes e motivação

A arte de arrasto produz a maior parte das capturas e do valor económico da pesca do camarão, mas é uma das formas menos selectivas de captura. A pesca visa unidades populacionais produtivas que podem coexistir com unidades populacionais menos produtivas, conduzindo à sobrepesca das unidades populacionais menos produtivas. A mortalidade por pesca, quer intencional quer sob a forma de capturas acessórias (capturas não intencionais ou não-alvo), é, pois, especialmente preocupante para as unidades populacionais menos produtivas. As estimativas mais recentes da FAO (1999) sugerem que o total das devoluções se situa talvez na ordem dos 20 milhões de toneladas. Isto significa que cerca de 25% das capturas mundiais totais de peixes são devolvidas. Trata-se de uma grande biomassa e, tendo em conta o facto de um grande número de unidades populacionais de peixes do mundo já estarem sobreexploradas, este número leva a taxa de sobre-exploração a um novo extremo. Estudos efectuados sugerem que a pesca de arrasto do camarão é responsável pela taxa mais elevada de capturas acessórias (Alverson et al., 1994). O rácio entre as capturas acessórias e o camarão foi estimado entre 8:1 e 21:1 (Pender et al., 1992; Brewer et al., 1998; Kelleher, 2005). De facto, as redes de arrasto para camarão, especialmente as redes de arrasto para camarão tropical, são geralmente consideradas artes "sujas" em termos de capturas acessórias e devoluções devido à pequena malhagem do saco (Kelleher, 2005). Foram envidados muitos esforços para reduzir as capturas acessórias na pesca do camarão em todo o mundo (Broadhurst, 2000; Eayrs, 2005). As experiências de investigação sobre dispositivos de redução das capturas acessórias (BRD) mostraram que muitos tipos são eficazes para reduzir as capturas acessórias de peixes nas redes de arrasto de camarão (Isaksen et al., 1992, Broadhurst, 2000; Watson et al., 1999). A pesca selectiva tem um grande potencial para reduzir a pressão de pesca sobre as espécies não-alvo e os juvenis e para reduzir as devoluções. Contudo, as artes de pesca selectivas só se justificam se sobreviver um número significativo de peixes (ou outros organismos) que escapam. Se a maior parte dos peixes que escapam dos sacos de arrasto morrer, as medidas de conservação que especificam malhagens mínimas ou outros dispositivos selectivos têm pouco valor. Na pior das hipóteses, o efeito deste tipo de mortalidade não contabilizada nas unidades populacionais de peixes pode ser negativo, uma vez que a mortalidade global causada pela exploração é subestimada. Assim, a quantificação das taxas de sobrevivência dos peixes que escapam é de importância fundamental para melhorar a seletividade.

1.2 Motivação para este trabalho

Existe um potencial de redução das capturas acessórias de peixes ósseos através da alteração da conceção das artes de pesca de modo a evitar as capturas acessórias de peixes ósseos. Tal permitirá conservar as unidades populacionais de peixes ósseos, melhorar a quantidade e a qualidade do camarão capturado e reduzir o tempo de separação no convés sem aumentar significativamente o arrasto.

As redes de arrasto para camarão existentes seguem os modelos tradicionais de redes de arrasto para peixes terrestres com um painel suspenso, designado por quadrado ou telhado, cujo objetivo é evitar que os peixes escapem por cima da manchete. Nas redes de arrasto para camarão, pretende-se o contrário, ou seja, a maior parte dos peixes deve poder escapar antes de entrar na rede de arrasto. A abertura vertical da boca não tem de ser superior a 1 m, uma vez que os camarões se encontram normalmente no metro inferior da coluna de água.

Descobertas recentes de Valdemar Sen (em He et al., 2007) indicaram que o camarão rola ao longo do pano de fundo de uma rede de arrasto quando passa em direção à extremidade do bacalhau. Verificou que a maioria dos camarões não se encontrava a mais de 10 cm do pano de rede. Esta constatação sugere que a maior parte do pano de rede superior de uma rede de arrasto para camarão pode ser removida sem que se perca muito camarão. Uma rede de arrasto para camarão sem rede superior poderia assim reter a maioria dos camarões que entram na boca da rede de arrasto enquanto liberta espécies de peixes ósseos (He et al., 2007).

A fuga de peixes durante as fases iniciais do processo de pesca ajudará a reduzir o stress, os ferimentos e a mortalidade por pesca não contabilizada associada, e contribuirá para um estado mais saudável destas unidades populacionais de peixes. He et al. (2007) relataram que a pesca comparativa com redes de arrasto sem cabeça reduziu as capturas acessórias de arenque do Atlântico numa média de 86,6% e, ao mesmo tempo, produziu um aumento modesto de 13,5% nas capturas de camarão rosa.

Além disso, a FRDC (2005) observou que a maior parte da potência utilizada por um arrastão durante o reboque é absorvida pela rede de arrasto. A dimensão de uma rede de arrasto que pode ser rebocada à velocidade requerida (ou seja, 2 a 4 nós, consoante a pescaria) é, pois, limitada pela potência de propulsão do motor do navio. As componentes de arrasto de uma rede de arrasto simples são aproximadamente as seguintes: 60% do pano de rede, 25% das portas e 15% dos flutuadores, da arte de terra e dos freios. Para uma determinada potência disponível, o desafio de conceção consiste, portanto, em obter uma abertura da rede tão ampla quanto possível, juntamente com uma altura óptima de abertura da rede que depende das espécies visadas e das condições de pesca locais. Uma abordagem para contornar estas limitações consiste em rebocar várias redes mais pequenas, em vez de uma rede maior. Além disso, o tipo de peixes visados por este método não reage bem ao pastoreio, pelo que as capturas dependem mais da área do fundo do mar coberta pela arte terrestre da rede, em especial a secção central (o peito).

Para minimizar as capturas acessórias e otimizar a potência de arrasto, foi desenvolvido um novo arrasto para a pesca do camarão, que consiste numa rede de arrasto tripla sem cabeça. Para a experiência completa, foram efectuados testes de modelo em tanque de calha e simulações em computador. A conceção visa obter uma abertura de rede horizontal tão ampla quanto possível, juntamente com uma altura de abertura de rede óptima com uma área de rede inferior à de uma rede de arrasto simples de grandes dimensões.

Testámos duas hipóteses:

1) Uma rede de arrasto tripla sem cabeça pode abrir mais do que uma rede de arrasto dupla ou simples com a mesma superfície total de fio.

2) Uma rede de arrasto tripla sem cabeça pode ter uma resistência maior do que uma rede de arrasto dupla ou simples com a mesma área total de fio.

1.3 Objectivos

Conceber uma rede de arrasto com uma área varrida e um volume varrido aumentados quase com a mesma resistência

Conceber uma rede de arrasto que minimize as capturas acessórias e seja rentável Conceber uma rede de arrasto que minimize o consumo total de energia nas operações de pesca

1.4 Trabalhos anteriores

1.4.1 Multi-engrenagem

O desenvolvimento da pesca de arrasto com várias artes teve provavelmente uma influência tão grande no atual sector da pesca de arrasto como a mudança da vela para o vapor e o gasóleo há muitos anos. Os primórdios da pesca de arrasto com várias plataformas, utilizando redes de arrasto com portas, devem-se provavelmente à pesca do camarão no Golfo do México. O conceito de plataformas múltiplas foi uma tecnologia revolucionária de poupança de arrasto. Para uma determinada potência, é possível rebocar duas ou mais redes de arrasto pequenas, proporcionando um maior poder de captura potencial do que o de uma rede de arrasto maior (SeaFish, 2010). Duas ou mais redes de arrasto pequenas podem proporcionar uma área de peito muito maior do que a de uma única rede de arrasto, para a mesma resistência global da rede. Esta melhoria da eficiência foi a principal força motriz do desenvolvimento das redes múltiplas. As experiências dinamarquesas em tanques de imersão mostraram que a resistência ao arrasto de um determinado sistema de arrasto duplo era de 2,6 toneladas a 1,8 nós, em comparação com 1,53 toneladas para a mesma rede de arrasto quando utilizada como rede de arrasto simples. O arrasto do sistema duplo era, pois, menos de duas vezes superior ao da rede de arrasto simples. Isto pode ser interpretado como um sistema mais eficiente em termos de combustível, especialmente em termos de áreas varridas comparáveis. As vantagens do sistema superam certamente as desvantagens.

Como se pode ver na Fig. 1, uma pedra angular do conceito é a redução da área do fio, mantendo constante o vão de captura. Inicialmente, partiu-se do princípio de que a redução da área do fio em 50% resultaria numa redução do arrasto de 50%. Contudo, o fio retirado da parte de trás da rede de arrasto, onde a rede é exposta a um ângulo significativamente mais baixo em relação ao fluxo, em comparação com a parte da asa, pelo que a diminuição efectiva do arrasto não está linearmente correlacionada com a redução da área do fio. Sterling (1996 citado em Balash, 2012) demonstrou que um equipamento triplo permite uma redução do arrasto de cerca de 50% em comparação com um equipamento simples. A natureza da poupança de arrasto produzida com plataformas múltiplas não se deve apenas à redução da área do fio, mas também à redistribuição do arrasto da tábua de lontra necessário para espalhar a rede de arrasto. Dado que, para obter o máximo rendimento de captura, é desejável uma dispersão horizontal elevada da rede de arrasto, é prático investigar o arrasto da rede de arrasto apenas com dispersões elevadas.

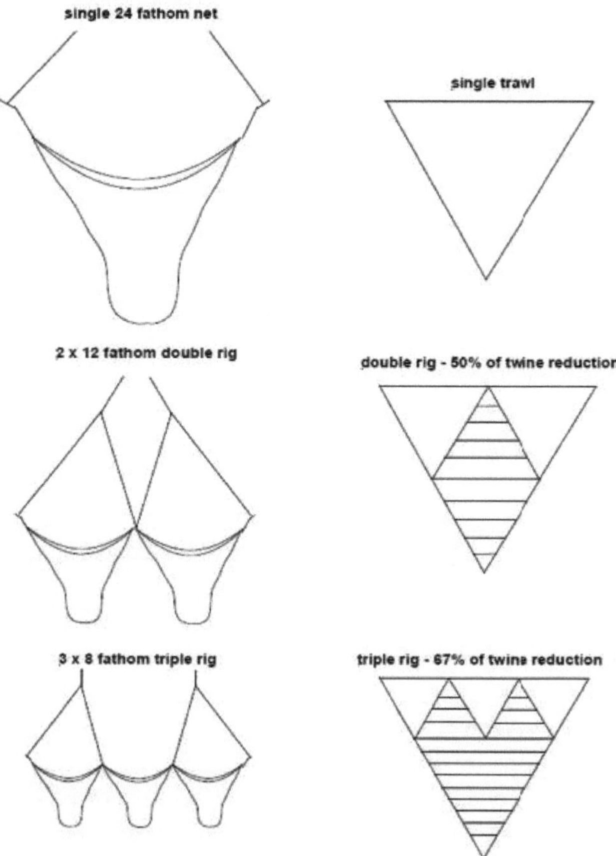

Fig. 1. **Ilustração esquemática da redução da área do fio para as plataformas dupla e tripla (Balash, 2012).**

Nos últimos anos, tem havido uma grande força motriz para aumentar a eficiência dos sistemas multibanda. No ano 2000, a Cosmos Co. apresentou o passo seguinte na pesca com várias artes de pesca, ao lançar o sistema de arrasto triplo para os maiores arrastões de camarão de profundidade. O objetivo era aumentar a cobertura do fundo, fechando o espaço entre as duas redes de arrasto de duas bocas.

Ao comparar uma rede de arrasto com duas redes de arrasto com uma rede de arrasto simples, Revill et al. (2009) referiram que não é certo por que razão a rede de arrasto com várias redes de arrasto capturou cerca de 50 % menos bacalhau do que a rede de arrasto de controlo, mas é provável que a sua construção única, ou seja, a baixa linha de proa (-0,5 braças), o círculo de pesca restritivo e o comprimento de varredura reduzido tenham sido responsáveis por este efeito. Os pescadores referiram também que a rede múltipla capturou quase o dobro das quantidades de camarão em comparação com a rede de arrasto convencional, embora em quantidades bastante reduzidas. Este facto pode dever-se a diferenças na construção da rede de arrasto ou na extensão da extremidade da asa, etc.

A interação dinâmica entre uma estrutura de rede, um navio de pesca, o cordame, as teias e outros elementos da rede de arrasto ligados entre si é complexa.

1.4.2 Duas urdiduras ou três?

As redes de arrasto múltiplas podem ser armadas numa variedade de disposições, a fim de adaptar a conceção da arte às espécies-alvo. Dois sistemas de base, cada um distinguido pelo número de urdiduras utilizadas no sistema:

- O sistema de duas rodas para rebocar redes de arrasto duplas ou triplas

Trata-se basicamente da disposição convencional de urdidura de arrasto simples com a adição de quatro freios de urdidura, dois ligados às extremidades de cada uma das urdiduras principais (cada urdidura principal partilha igualmente as cargas do sistema quando este está em equilíbrio, Fig. 2).

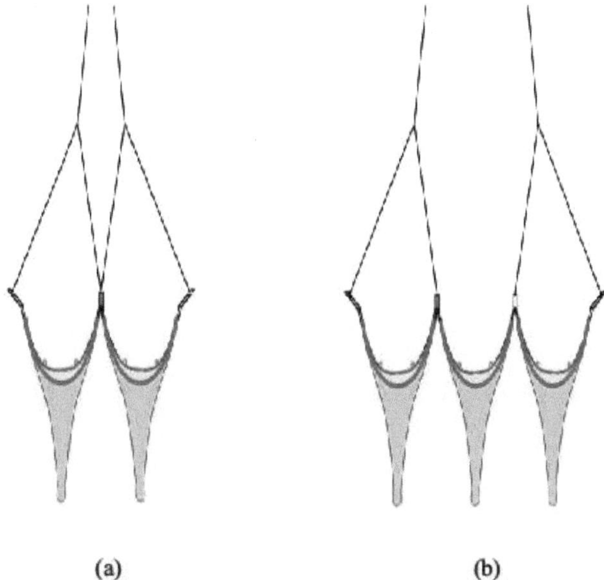

Fig. 2. Ilustração esquemática de um sistema de duas vergas para rebocar redes de arrasto (a) duplas e (b) triplas (SeaFish, 2010).

O sistema de três rodas de arrasto para rebocar duas redes de arrasto

Isto requer um mínimo de três barris no guincho principal. A urdidura central suporta uma carga maior do que as urdiduras exteriores (normalmente entre 1,3 e 1,7 vezes maior). Este sistema é o mais flexível dos dois, pois permite o ajuste independente das três urdiduras para equilibrar o sistema. Com o sistema de dois fios, os comprimentos das teias são fixos. Este sistema tornou-se a opção preferida, nomeadamente nas classes de navios maiores.

1.4.3 Aberturas de arrasto modelo horizontais e verticais

No sector industrial, é desejável utilizar redes de arrasto para camarão com uma relação de dispersão elevada, a fim de cobrir a área máxima por unidade de tempo e capturar a quantidade máxima de camarão-alvo (a relação de dispersão é definida na Fig. 3). Wakeford (1994) demonstrou que um aumento do rácio de dispersão de 83% para 87% provocava uma transferência significativa de tensão do cabo de arrasto para o cabo de manchete, o que criava dificuldades operacionais. Além disso, um rácio de abertura mais elevado resulta numa maior área de fio exposta ao fluxo num maior ângulo de ataque, o que provoca um arrasto globalmente mais elevado.

arrasto. O rácio de abertura ideal é uma questão complexa e depende do tipo de plataforma, da conceção da rede de arrasto e da eficiência das portas de arrasto utilizadas.

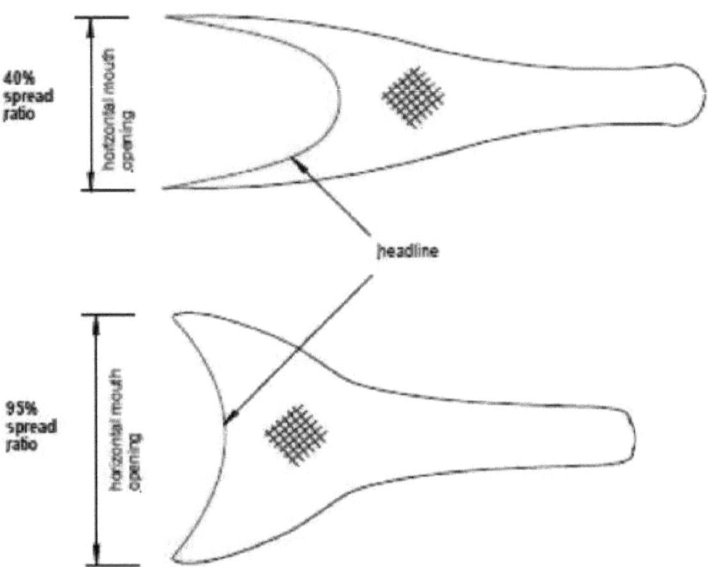

Fig. 3. Exemplos esquemáticos da parte da rede com 40% e 95% de rácio de dispersão (Balash, 2012).

O rácio de dispersão é definido como a percentagem do comprimento do cabo em relação à dispersão horizontal. Na maior parte das situações de arrasto demersal, a extensão da extremidade da asa deve situar-se entre 30% e 50% do comprimento do cabo (SeaFish, 2010).

1.4.4 Rede de arrasto para camarão

Foram desenvolvidos e utilizados vários modelos de redes de arrasto para camarão em todo o mundo. Mesmo dentro de um mesmo país, os modelos de redes de arrasto para camarão variam de região para região.

O sistema de arrasto do camarão é constituído essencialmente por painéis de rede superiores e inferiores (e, por vezes, painéis laterais), portas de arrasto e correntes de arrasto. As portas de arrasto e a rede são ligadas por fios (freios). O principal objetivo das portas de arrasto é proporcionar uma abertura horizontal desejada para a rede de arrasto. A corrente de terra é fixada à boca do painel inferior através de correntes verticais curtas a intervalos regulares (cerca de 1 m). A corrente de terra permite o contacto da rede de arrasto com o fundo do mar e estimula os camarões a saltar do fundo do mar quando a rede de arrasto é rebocada pela água. As correntes de ligação verticais curtas permitem que o painel inferior da rede de arrasto fique ligeiramente afastado do fundo do mar, o que minimiza a captura de objectos do fundo do mar, incluindo animais bentónicos sésseis, e também evita alguns danos na rede.

1.4.5 Necessidade de alteração da rede de arrasto para camarão

A investigação recente no sector do camarão centrou-se principalmente na redução das capturas acessórias, no comportamento do camarão e nos efeitos da pesca de arrasto do camarão no fundo do mar, tendo sido dada pouca atenção à conceção das artes de pesca. No entanto, as modificações das artes podem não só melhorar a rentabilidade da pesca, mas também maximizar os efeitos sobre a sustentabilidade ecológica. Demasiadas vezes, as soluções baseadas em modificações das artes de pesca são ignoradas e, em vez disso, são implementadas alterações de carácter operacional (Balash, 2012). Esta prática impede a evolução da arte de pesca e, além disso, representa um exemplo de não abordagem da origem do problema. Por exemplo, as modificações na conceção das redes de arrasto podem reduzir consideravelmente a quantidade de capturas acessórias de arrasto, mas a questão da seletividade foi considerada amplamente resolvida desde a introdução da utilização obrigatória de dispositivos de exclusão de tartarugas e de redução das capturas acessórias.

1.5 Ensaio da engrenagem

O estudo do comportamento das artes de pesca na água como estrutura flexível pode ser efectuado de três formas. A primeira forma é através de experiências reais no mar com artes de pesca à escala real, a segunda é através de experiências em tanques com modelos de artes de pesca e a terceira é através de software assistido por computador com modelos matemáticos que prevêem os movimentos e analisam o desempenho das artes de pesca. Os estudos anteriores sobre a conceção e a simulação de sistemas de artes de pesca foram alargados (Vincent, 2001; Lee et al., 2005; Vincent e Marichal, 2006). Muitos métodos descreveram os modelos teóricos para sistemas de artes de pesca no movimento dinâmico. Por exemplo, o modelo para descrever o sistema de artes de pesca em movimento dinâmico foi efectuado através da aproximação dos elementos da arte de pesca a pontos de massa (Lee et al., 2005). Os métodos teóricos de aproximação dos pontos de massa no sistema de arrasto foram explicados por Hu et al. (1995), Lee e Lee (2000) e Lee et al. (2000).

1.6 Panorâmica das práticas de modelação e simulação das redes de arrasto

Para estudar um fenómeno físico, são aplicados métodos analíticos, numéricos e experimentais. No caso das artes de pesca, devido ao acoplamento hidroelástico, só é possível estabelecer e resolver equações para casos simplificados. Um estudo experimental pode ser efectuado em modelo ou à escala real. As experiências à escala real no mar garantem a inclusão de todos os factores que influenciam o processo. No entanto, cada corrida é afetada por factores secundários que não são controlados e são arbitrários (correntes, ondas, vento e irregularidades no fundo do mar). Nas experiências com modelos, um processo estudado tem normalmente de ser simplificado com determinados pressupostos que podem produzir um erro. No entanto, as experiências com modelos eliminam o efeito do ruído do ambiente e são também mais económicas. Inicialmente, uma relação entre as experiências em modelo e à escala real foi sugerida por Tauti (1934, citado em Dante et al., 2009). De acordo com a sua teoria, a força de arrasto é assumida como sendo proporcional ao quadrado da velocidade da água

$$R \sim U^2 \qquad (1)$$

Onde R é a força de resistência,U, é a velocidade da água

Hu et al. (2001) aplicaram a lei para modelar redes de arrasto de meia-água numa série de escalas. As comparações com a escala real revelaram uma força de arrasto 50-70 % superior à prevista. As regras de modelação foram alteradas; contudo, essas alterações só são aplicáveis ao caso específico estudado.

Fiorenti et al. (2004) também aplicaram a lei de Tauti para redes de arrasto pelo fundo e encontraram uma grande diferença no arrasto entre os valores à escala real e os valores do modelo. Além disso, Hu et al. (2001) referiram que os arrastamentos estimados nos ensaios com modelos, de acordo com estas regras de modelação, são consideravelmente superiores aos valores observados e que os arrastamentos convertidos das três redes à escala (1/12, 1/20 e 1/50) testadas eram superiores ao valor medido para a rede à escala real em 46%, 49% e 55%, respetivamente.

Quando a lei de Tauti é aplicada para o ensaio de modelos, ocorre uma elevada previsão de arrasto, uma vez que se assume que o coeficiente de arrasto é constante entre o modelo e o protótipo, o que muitas vezes não é o caso.

O software DynamiT foi desenvolvido pelo IFREMER para ajudar a conceção e a otimização das artes de arrasto (Vincent e Marichal, 2006). O DynamiT pode ser utilizado para simular o comportamento mecânico de um protótipo de rede de arrasto, com base na resolução das equações de momento e tendo em conta as forças hidrodinâmicas aplicadas a cada parte da engrenagem (Vincent, 1999).

O software do Laboratório do Sistema de Produção Marinha (SimuTrawl) também pode ser utilizado para simular o comportamento mecânico de um protótipo de rede de arrasto, com base na resolução das equações de momento e tendo em conta as forças hidrodinâmicas aplicadas a cada parte da engrenagem.

O SimuTrawl, programa de conceção e simulação de redes de arrasto, permite conceber a maior parte dos tipos de redes de arrasto, tais como redes de meia-água, redes de fundo, redes de arrasto múltiplas, redes de arrasto de parelha e redes de cerco dinamarquesas. Também analisa as propriedades de engenharia e o desempenho da rede concebida através de um programa de simulação. A fiabilidade deste software SimuTrawl foi bem validada por vários ensaios no mar para sistemas de artes de arrasto (Lee e Cha, 2002).

2 MATERIAIS E MÉTODOS

2.1 Especificações das redes de arrasto

A conceção da rede de arrasto tripla é idêntica à da rede de arrasto pelo fundo convencional de quatro panos, construída inteiramente com rede PE, com exceção da ausência de um quadrado e de uma rede superior imediatamente atrás do quadrado, ou seja, a primeira barriga. A ausência do quadrado e da primeira parte do ventre faz com que a rede de arrasto sem rede de topo pareça ter uma asa mais comprida, uma vez que a corda da cabeça segue uma batida da rede no segundo ventre superior. A parte de rede retirada representa 22,5% da superfície total de rede. A parte inferior do ventre da rede de arrasto eleva-se bruscamente, de modo que o círculo de pesca no meio da linha da cabeça é pequeno, a fim de facilitar a fuga fácil dos peixes sobre a linha da cabeça.

A malhagem de todos os panos é a mesma, 54 mm. A dimensão do fio de todas as malhas é de 2,7 mm (Rtex 1500). A malhagem do saco e a dimensão do fio são, respetivamente, de 32 mm e 3,48 mm (Rtex 2500). O comprimento do cabo da pana é de 25 m. Um número total de 27 flutuadores, cada um com 180 mm de diâmetro e 2,5 kgf, no cabo da pana, asseguram a flutuabilidade de cada uma das redes de arrasto. As portas VRS-192 de 6,29 m^2 e 1500 kg de peso são utilizadas a bombordo e a estibordo, enquanto os tufos no centro têm 2700 kg cada. São utilizadas varreduras de 40 metros e freios de 10 m. O plano da rede de arrasto sem cabeça e o seu equivalente coberto são apresentados nas figuras 4 e 5. As redes de arrasto duplas e a rede de arrasto simples que serve de controlo ou de base de comparação figuram nas Fig. 6 e 7. Foram utilizados trezentos metros de comprimento de urdidura a 100 m de profundidade de água, uma relação urdidura/profundidade utilizada na pesca do camarão em águas pouco profundas. Tal como a rede de arrasto dupla, foi também utilizado um sistema de 2 urdiduras para as redes de arrasto triplas sem cabeça. Foi construído um modelo físico do projeto à escala de 1:20 com base no projeto original.

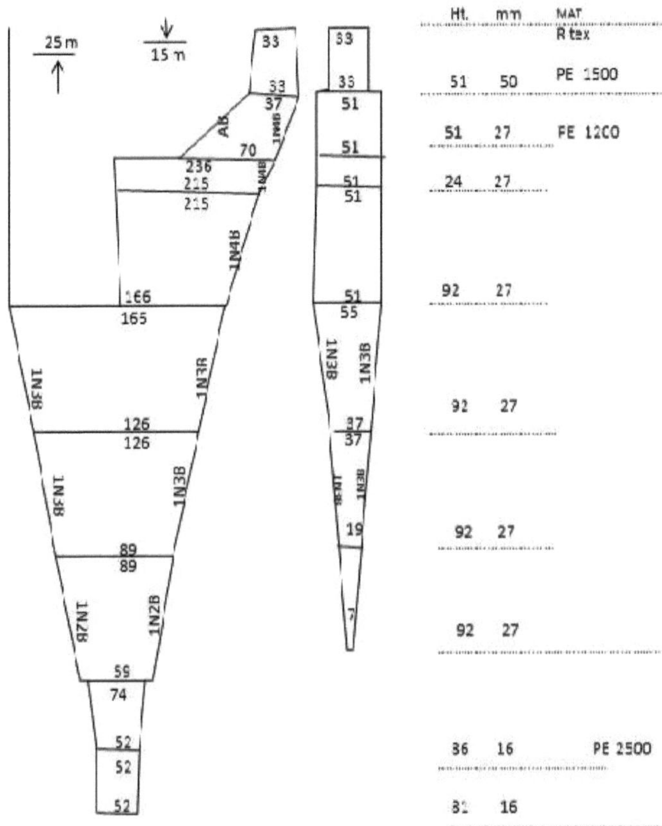

Fig. 4. Desenho de projeto da rede de arrasto para camarão sem cabeça.

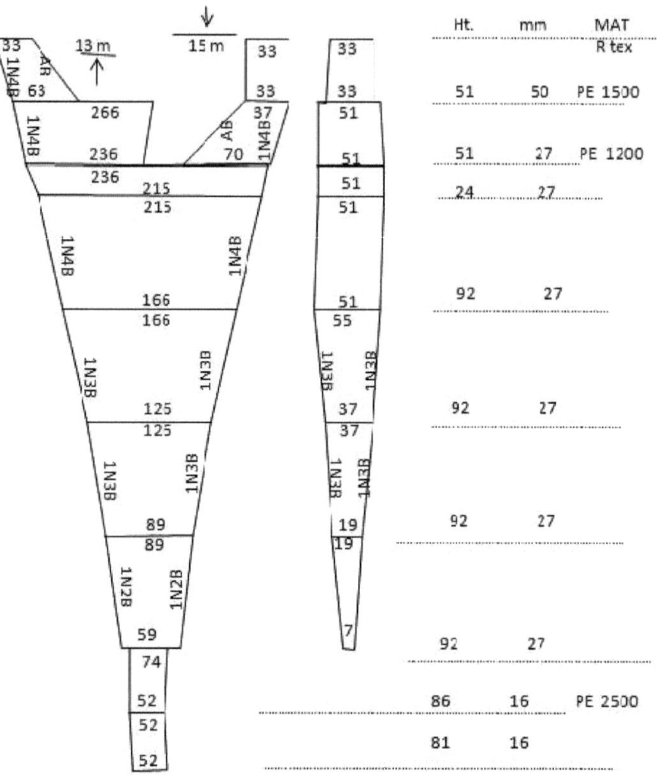

Fig. 5. Desenho do projeto da rede de arrasto coberta.

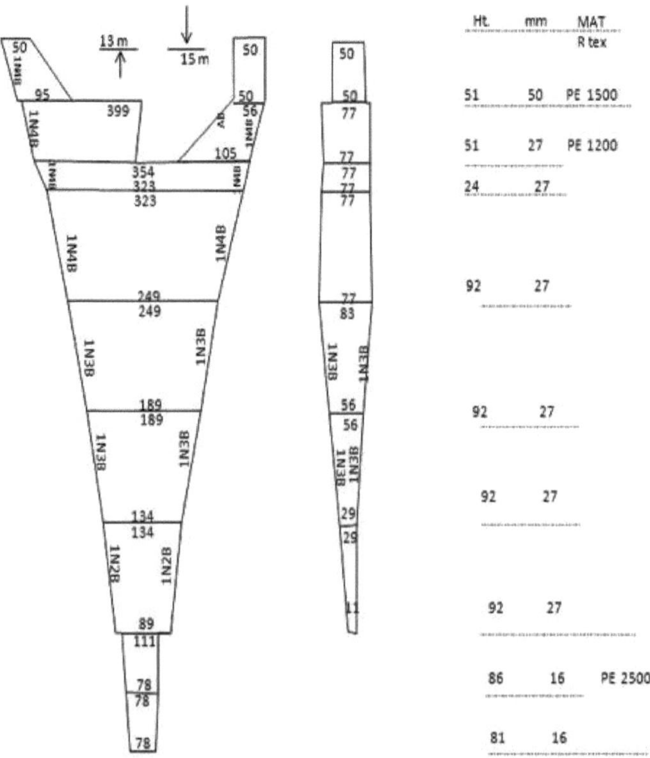

Fig. 6. Desenho do projeto da rede de arrasto dupla.

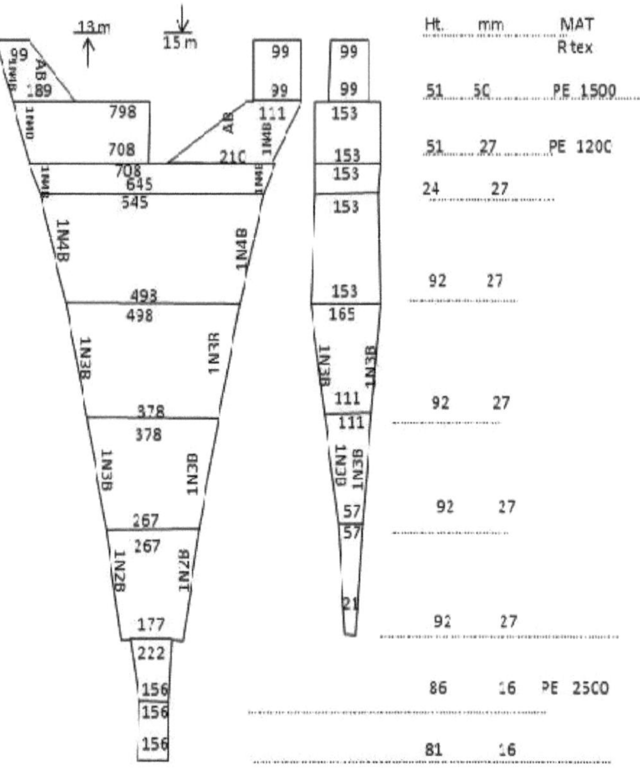

Fig. 7. Desenho de projeto da rede de arrasto simples.

2.2 Teste de modelação

Todas as experiências do modelo foram efectuadas utilizando o tanque de circulação de água 3D da Universidade Nacional de Pukyong (Fig. 6). O tanque tem uma profundidade de 1,4 m, o comprimento da janela de observação do desempenho é de 6 m e a largura do canal é de 2,2 m. Tem uma velocidade máxima de 1,2 m/s. O caudal do reservatório de água do tipo hélice foi medido com um tacómetro (VOT 2-200-20, KENEK, gama de medição 0,03-2,0 m/s).

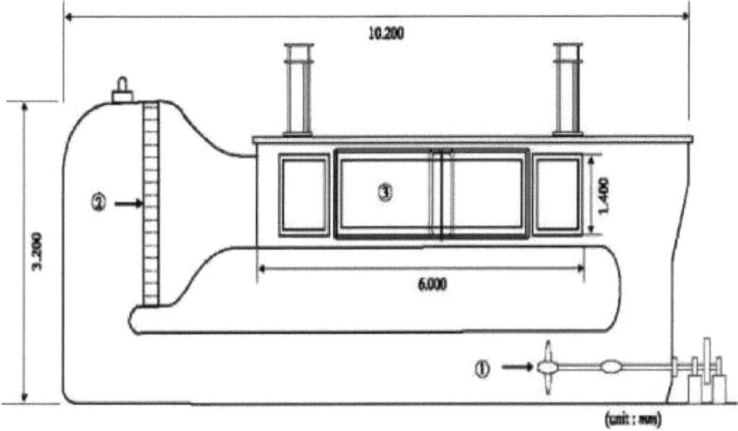

Fig. 8. Canal de circulação de água de reciclagem vertical.

φ impulsor @ favo de mel @ janela de observação As velocidades de fluxo convertidas para a experiência foram 1,0 m/s, 1,25 m/s e 1,5 m/s.

Os arrastamentos dos dois modelos de redes foram obtidos a partir da tensão medida do cabo de mão com o medidor de tensão subaquático e as alturas da boca da rede foram medidas.

2.2.1 Conceção do modelo de rede de arrasto

O escalonamento do modelo físico foi efectuado com base nas regras de escalonamento normal (Tauti, 1934). O fator de escala linear λ aqui utilizado é definido como a quantidade na rede de arrasto à escala real dividida pela quantidade correspondente no modelo. De um modo geral, as reduções de dimensões de natureza linear são efectuadas em todo o modelo pelo valor do fator de base (Fiorentini et al., 2004). O fator relativo à resistência ao arrasto, que depende da superfície para o seu valor, varia proporcionalmente ao quadrado da velocidade do fluxo de água (Tauti, 1934 citado por Dante et al., 2009).

2.2.2 Algumas teorias de modelação

No ensaio de modelos físicos, quando o comprimento, o tempo e a força são geralmente adoptados como factores físicos típicos, as três escalas básicas do modelo podem ser as seguintes

$$\lambda = \frac{L_m}{L_f} \qquad (2)$$

$$\tau = \frac{t_m}{t_f} \qquad (3)$$

$$\kappa = \frac{F_m}{F_f} \qquad (4)$$

onde *L, t* e *F* são o comprimento, o tempo e a força caraterísticos, os subscritos *m* e *f* indicam o modelo e a escala completa, respetivamente. A escala da velocidade é derivada da escala do comprimento e do tempo:

$$\frac{v_m}{v_f} = \frac{\lambda}{\tau} \qquad (5)$$

em que *v* é a velocidade caraterística

O arrasto da rede de arrasto é expresso pela seguinte equação

Hu e Matuda (1991)

$$R = \frac{1}{2}\rho C_{DN} S_T V^2 \qquad (6)$$

em que S_T é a superfície total do fio e C_{DN} o coeficiente de arrasto da rede de arrasto. Os coeficientes de arrasto da rede foram calculados utilizando a Eq. 6 a partir dos arrastos medidos da rede à escala real e de todas as redes-modelo.

Arrasto e peso aparente na água do pano de rede

Tauti derivou uma expressão teórica do arrastamento de uma rede plana num escoamento, partindo do princípio de que a barra e o nó da malha da rede produziam independentemente uma resistência hidrodinâmica:

$$R = \frac{1}{2}\rho C_D V^2 S \frac{d}{l}\left[\alpha_1(\emptyset,\theta) + \alpha_1(\emptyset,\theta)\frac{d}{l}\right] \qquad (7)$$

em que *V* é a velocidade do escoamento que se aproxima, *p* a densidade do fluido, C_D o coeficiente de arrasto do pano de rede, *S* a área da secção considerada do pano de rede, *d* o diâmetro do fio do pano de rede, *I* o comprimento do varão da malha, *ai* (φ,θ) e *a2* $ são a função do ângulo da malha (^) e do ângulo de ataque do pano de rede ao escoamento (Θ), respetivamente. Se a semelhança geométrica for mantida entre a rede à escala real e o seu modelo, o ângulo da malha e o ângulo de ataque do pano de rede na rede à escala real e no modelo devem ser iguais entre si numa porção correspondente, ou seja:

$$\phi_m = \phi_f \text{ and } \theta_m = \theta_f \qquad (8)$$

Por conseguinte, os coeficientes *ai* (φ,θ) e *a2* (φ,θ) de uma rede-modelo podem ser iguais aos de uma rede à escala real.

Definir a escala do diâmetro do fio (ou dimensão da malha) como

$$\frac{d_m}{d_f} = \frac{l_m}{l_f} = M. \qquad (9)$$

em que *d* é o diâmetro do fio e *I* é a dimensão da malha.

A partir das Eq. 7 e 8, a escala da força de arrasto do pano de rede para o modelo e para a escala real pode ser apresentada como

$$\frac{Rm}{Rf} = \frac{\rho_m C_{Dm} V_m^2 L_m^2}{\rho_f C_{Df} V_f L_f} = \frac{\rho_m C_{Dm} V_m^2}{\rho_f C_{Df} V_f} \lambda^2 \qquad (10)$$

Nos casos em que o peso aparente do pano de rede na água não é negligenciável, como quando a velocidade caraterística é relativamente lenta; por exemplo, engrenagens estacionárias ou sem arrasto. O peso aparente na água (w) da secção considerada do pano de rede pode ser indicado como

$$w = b_1(\phi) S d(\rho_s - \rho) g \frac{d}{l}\left[1 + b_2 \frac{d}{l}\right] \qquad (11)$$

em que $b_1(\varphi)$ é uma função do ângulo da malha, p_s a densidade do material e *b2* uma constante devida ao tipo de nó. A partir das Eq. 8, 9 e 11, a escala do peso aparente em água do pano de rede é indicada por:

$$\frac{w_m}{w_f} = \frac{L_m^2 d_m(\rho_{sm} - \rho_m)}{L_f^2 d_f(\rho_{sf} - \rho_f)} = \frac{(\rho_{sm} - \rho_m)}{\rho_{sf} - \rho_f} \lambda^2 M \qquad (12)$$

Coeficiente de arrastamento do pano de rede em relação ao número de Reynolds

Na lei de Tauti, parte-se do princípio de que o coeficiente de arrastamento do pano de rede é constante, independentemente do número de Reynolds. No entanto, o coeficiente de arrastamento da rede feita de fio fino é geralmente uma função do número de Reynolds (*Rd*) com base no diâmetro do fio.

Com base no diâmetro do fio, assumimos que o coeficiente de arrasto do pano de rede (C_D) é expresso como uma função exponencial do número de Reynolds (*Rd*) (Hu et al 2001), pelo que C_D é:

$$C_D = kR_d^{-n} \qquad (13)$$

em que *k* é uma função devida à solidez da malha e *n* é uma constante. A partir das Eq. 8 e 9, os valores de *k* e *n* têm de ser mantidos constantes ao longo das experiências à escala real e da rede de modelos, uma vez que é mantida a semelhança geométrica. Se a viscosidade cinética do fluido for semelhante em ambas as experiências, pode ser aplicada a seguinte equação:

$$\frac{C_{Dm}}{C_{Df}}=\left(\frac{d_m V_m}{d_f V_f}\right)^{-n} \tag{14}$$

Similaridade dinâmica

Não é possível que o ensaio de modelos de redes de pesca num tanque de água atinja completamente a semelhança dinâmica. Para o ensaio de modelos de redes de pesca, é necessário ignorar as forças com pouca influência e considerar a força principal como o controlo do movimento da rede. Em primeiro lugar, quando o peso aparente na água pode ser desconsiderado em comparação com o arrasto da rede.

A escala de forças pode ser expressa da seguinte forma

$$\frac{\rho_m C_{Dm} V_m^{\ 2}}{\rho_f C_{Df} V_f^{\ 2}}\lambda^2=\frac{\rho}{\rho_f}{}^3\lambda \tag{15}$$

Substituindo as Eq. 9 e 14 na Eq. 15, a escala de velocidade pode ser obtida:

$$\frac{V_m}{V_f}= M^n \lambda^{\frac{1}{2-n}} \tag{16}$$

Quando n = 0 na Eq. 16, obtém-se a escala de velocidade.

Quando a velocidade relativa da arte de pesca em relação à água é baixa, como no caso das artes de pesca sem arrasto, o peso aparente na água não pode ser ignorado. Assim, a escala da força de arrasto deve ser igual à escala do peso aparente do pano de rede para que a rede modelo seja dinamicamente semelhante à escala real. Assim, a partir das Eq. 11 e 12, temos:

$$\frac{\rho_m C_{Dm} V_m^{\ 2}}{\rho_f C_{Df} V_f^{\ 2}}\lambda^2=\frac{(\rho_{sm}-\rho_m)}{(\rho_{sf}-\rho_f)}\lambda^2 M \tag{17}$$

Quando a Eq. 14 é substituída na Eq. 17, uma escala de velocidade diferente da Eq. 16 é obtido:

$$\frac{V_m}{V_f}\left[M^{n+1}W/P\right]^{\frac{1}{2-n}} \tag{18}$$

Onde

$$\frac{(\rho_{sm} - \rho_m)}{(\rho_{sf} - \rho_f)} = W, \tag{19}$$

$$\frac{\rho_m}{\rho_f} = P \tag{20}$$

A escala de forças é obtida a partir do lado esquerdo ou direito da Eq. 17

$$\frac{F_m}{F_f} = MW\lambda^2. \tag{21}$$

Quando a potência *n* de *Rd* e o coeficiente de arrasto do pano de rede n = 0, a velocidade escalar da Eq. 18 é simplificada do seguinte modo

$$\frac{V_m}{V_f} = [MW \quad / \; P]^{\frac{1}{2}} \tag{22}$$

Esta é a lei do modelo de Tauti com a escala de força Eq. 21.

2.3 Ensaios de simulação

O software do Laboratório de Produção de Sistemas Marinhos (SimuTrawl) foi utilizado para simular o comportamento mecânico do protótipo de rede de arrasto, com base na resolução das equações de momento e tendo em conta as forças hidrodinâmicas aplicadas a cada parte da arte.

O SimuTrawl, programa de conceção e simulação de redes de arrasto, permite conceber a maior parte dos tipos de redes de arrasto, tais como as redes de meia-água, de fundo, multi-sondas, de arrasto de par e de cerco dinamarquês. Também analisa as propriedades de engenharia e o desempenho da rede concebida através de um programa de simulação. A simulação da rede concebida dá o resultado da forma, incluindo a posição e a distância entre as portas, as aberturas, a área varrida e a informação sobre a profundidade, bem como a das forças que actuam na arte de pesca, como a tensão na urdidura, nas portas, nas plataformas, nas redes, etc. A fiabilidade deste software de simulação adotado para este trabalho foi bem validada por vários ensaios no mar para o sistema de artes de arrasto (Lee e Cha, 2002).

2.3.1 O modelo matemático da arte de pesca

O modelo teórico utilizado para calcular matematicamente o movimento das artes de pesca é o modelo massa-mola (Lee, 2002). Parte-se do princípio de que os elementos que constituem a arte de pesca consistem num sistema físico dividido em pontos de massa de número finito, ligados por uma corda elástica. Os elementos adicionais do aparelho, como os chumbos e as bóias, são considerados pontos de massa.

O número de malhas da rede real é aproximado como um pequeno número de pontos de massa para permitir um cálculo rápido. O método de cálculo matemático foi descrito em pormenor por Lee et al. (2005) e é aqui resumido. A equação de movimento para um sistema de engrenagem de pesca é representada por

$$(m + \Delta m)\, \boldsymbol{q} = \mathbf{F}_{\text{int}} + \mathbf{F}_{\text{ext}} \tag{23}$$

em que m é a massa, Δm é a massa adicionada, é o vetor de aceleração, **Fint** é a força interna aplicada entre os pontos de massa e **Fext** são todas as forças externas aplicadas aos pontos de massa. A massa adicionada de um ponto de massa é dada pela seguinte fórmula:

$$\Delta \text{m} = \rho_{sw} V_N K_m \tag{24}$$

Onde p_{sw} é a densidade da água do mar, Vis o volume do ponto de massa, e K_m é o coeficiente de massa adicionado, que é 1,5 porque as ligações estruturais são consideradas como esferas (Wakaba e
Balachandar, 2007; Lee, 2009). As estruturas cilíndricas, como as cordas, são descritas como

$$K_m = 1 + \sin a \tag{25}$$

em que a é o ângulo de ataque.

A força interna é a força aplicada às linhas que ligam os pontos de massa e, como as linhas são assumidas como uma mola neste estudo, é a força do alongamento da mola. A força interna aplicada a cada ponto de massa é

$$F_{int} = -k_n (|r| - l^0) \tag{26}$$

onde κ é a rigidez da linha que constitui a arte de pesca, n é o vetor unitário ao longo da linha da mola, r é o vetor de posição entre os pontos de massa vizinhos, e | r | mostra a magnitude do vetor de posição. I^0 é o comprimento inicial da mola em relação ao vetor de posição.

$$k = \frac{EA}{l^0} \tag{27}$$

em que E é o módulo de elasticidade de Young e A é a área efectiva (ou seja, a área real da secção transversal) do material.

A força externa, F_{ex}t, é a força que é aplicada a cada ponto de massa a partir do exterior, e consiste em arrasto, FD, força de elevação, FL, flutuabilidade e força de afundamento,

$$F_{ext} = F_D + F_L + F_R \tag{28}$$

As forças de arrasto e de elevação são descritas da seguinte forma:

$$F_D = -\frac{1}{2} C_D \rho_w S U^2 \mathbf{n}_v \quad (29)$$

$$F_L = \frac{1}{2} C_L \rho_w S U^2 \mathbf{n}_L \quad (30)$$

em que C_D é o coeficiente de arrasto, p_w é a densidade do fluido, S é a área projectada da estrutura, U é a magnitude da velocidade resultante, n_v é o vetor unitário do vetor da velocidade resultante, C_L é o coeficiente da força de elevação e HL é o vetor unitário ao longo da direção da força de elevação. A força de empuxo ou de afundamento do ponto de massa, F_R, pode ser descrita como

$$F_R=(\rho_i - \rho_w) V_N g, \quad (31)$$

em que pi é a densidade do material, V_N é o volume dos pontos de massa e g é a aceleração da gravidade.

As simulações foram efectuadas para a rede de arrasto à escala real em condições operacionais semelhantes, utilizando 300 m de comprimento de urdidura a 120 m de profundidade, semelhante à relação urdidura/profundidade utilizada pelos arrastões de pesca do camarão.

A velocidade de arrasto da atividade de pesca determinou as velocidades utilizadas para a simulação, que se situaram no intervalo de 1 m/s - 1,5 m/s, utilizando incrementos de 0,25 m/s no presente trabalho. Durante cada velocidade, foram recolhidos os seguintes dados: abertura das portas e das extremidades das asas, tensão total antes (tensão de urdidura) e depois das portas (tensão do freio), alturas das manchetes na boca e comprimento total da rede de arrasto.

2.4 Cálculo do espaço pescado

Os volumes varridos das três redes de arrasto foram calculados como o produto da boca da rede pela distância pescada. O volume varrido de uma arte rebocada é geralmente calculado com base na área da boca da rede, no tempo de pesca e na velocidade de reboque (quadros 4-9). O volume varrido de uma rede de arrasto (V_T) pode ser descrito como

$$V_T = S_T \times d \quad (32)$$

Sendo S_T a área da boca da rede e d a distância rebocada.

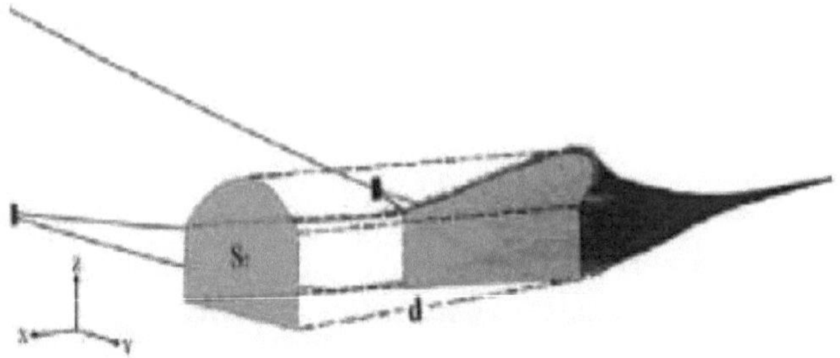

Fig. 9. Diagrama esquemático do cálculo do volume varrido (ST) de uma rede de arrasto. A distância percorrida é representada por *d* (Lee et al., 2011).

2.5 **Cálculo do ângulo do freio**

Nalgumas regiões, são utilizados termos alternativos para designar as cabeçadas, como varreduras, cabos, cordas de terra, etc. O comprimento da cabeçada é o comprimento total entre a parte de trás da porta da rede de arrasto e a rede de um lado da arte. Este método utiliza o comprimento do freio mais o comprimento do cabo de arrasto para formar a hipotenusa de um triângulo e metade da abertura da porta para formar a base.

$$\sin \phi = \frac{O}{H} \qquad (33)$$

em que *O*, é a base e *H*, é a hipotenusa.

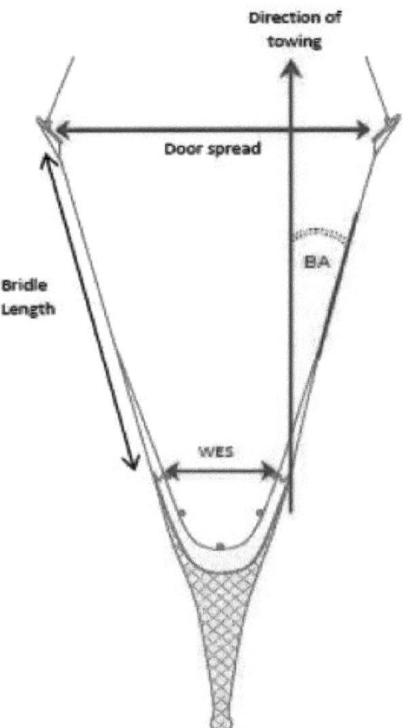

Fig. 10. Diagrama esquemático do cálculo do ângulo de freio (BA) de uma rede de arrasto (SeaFish, 2010).

2.6 **Cálculo da extensão da extremidade da asa**

Este cálculo dá uma estimativa da abertura da extremidade da asa de uma rede de arrasto. Este cálculo pode ser efectuado através do método da divergência de urdidura ou de sensores electrónicos das artes.

$$WES = \frac{GG \times DS}{BL + GG} \quad (34)$$

em que WES é a envergadura da extremidade da asa, GG é o comprimento do trem de aterragem, DS é a envergadura da porta e BL é o comprimento da cabeçada.

2.7 **Dimensionamento da superfície do fio e do comprimento e largura do painel**

Os parâmetros importantes a escalar corretamente são a superfície do fio e o comprimento e a largura do painel, devido ao seu efeito no arrastamento e na geometria do modelo. Por conseguinte, é necessário utilizar um modelo para selecionar a dimensão adequada da malha do modelo e o diâmetro do fio e corrigir o número de malhas.

Para modelar corretamente a superfície do fio, a relação diâmetro do fio/tamanho da malha deve ser a mesma no painel do modelo que a encontrada no painel à escala real.

$$d_f/2A_f = d_m/2a_m \qquad (35)$$

em que f, é a escala completa e m, é o modelo
Depois de selecionado o diâmetro do fio do modelo a partir das opções disponíveis, pode ser calculada a dimensão da malha do modelo adequada.

$$2a = (2A \times d)/D \qquad (36)$$

O número de malhas ao longo de cada painel do modelo pode ser calculado para garantir que a superfície do fio e as dimensões lineares são modeladas com exatidão.

$$n = (2A \times N)/ (2a \times S) \qquad (37)$$

Sendo n, o número de malhas ao longo da face do modelo, N, o número de malhas ao longo da face à escala real, 2A, a malhagem completa da face da rede à escala real (do centro do nó ao centro do nó), 2a, a malhagem completa da face da rede do modelo (do centro do nó ao centro do nó), S, o fator de escala (por exemplo, S = 10 para uma escala de 1:10).
2.8 Recolha e análise de dados
Foram medidos o comprimento do cabo, o comprimento da linha do solo e o comprimento total de cada rede (quadro 1). Foram calculadas as superfícies totais dos fios para as duas redes (quadro 2).
Quadro 1. Parâmetros das duas redes de arrasto utilizadas na simulação

Parâmetro	Em topless rede de arrasto	Rede de arrasto coberta
Comprimento do cabeçalho (m)	25	13
Comprimento da linha de terra	15	15
(m)	28.82	28.82
Comprimento total da rede de arrasto		

Quadro 2. Superfície de rede calculada para cada um dos três tipos de redes de arrasto

	Rede de arrasto simples (m^2)	Coberto rede de arrasto (m^2)	Rede de arrasto sem cabeça (m^2)
Asa	18	6.5	7.39
Quadrado	22.8	4.4	
1st Barriga	38.87	17.15	8.75

2nd Barriga	66.72	22.46	22.46
Garganta	7.24	1.22	1.22
Bacalhau	5.6	1.88	1.88
Total	159.23 (1)	53.61 (3)	41.7 (3)

Os dois modelos feitos à mesma escala: 1:20 foram feitos com fio de polietileno com diâmetro médio de 0,5 mm e comprimento de barra de 5 mm. O diâmetro do fio e o comprimento da barra dos modelos foram aumentados numa escala linear de 1:5,4 para obter as redes de arrasto simuladas à escala real (quadro 3).
Tabela 3. Pormenores das redes à escala real e das redes-modelo utilizadas nas experiências

	Líquido simulado		Modelo de rede	
	Capa	Em topless	Capa	Em topless
Escala de comprimento λ			1:20	1:20
Diâmetro do fio escala M			1:5.4	1:5.4
Comprimento total (m)	28.8	28.8	1.44	1.44
Diâmetro do fio (mm)[1]	2.7	2.7	0.5	0.5
Comprimento da barra (mm)[1]	27	27		5 5
Área total do fio (m^2)	53.61	41.7	0.13	0.10

O diâmetro do fio e o comprimento da barra são valores médios ponderados pela área do fio de cada painel.

A rede à escala real tinha uma superfície de fio de 53,61 m^2 para a rede de arrasto coberta e de 41,7 m^2 para a rede de arrasto sem cabeça, o que equivale a 0,13 m^2 (Fig. 7) e 0,1 m^2 (Fig. 8) dos modelos, respetivamente, à escala 1:20.

Fig. 11. Modelo de rede de arrasto com cobertura.

Fig. 12. Modelo de rede de arrasto sem cabeça.

3 RESULTADOS

3.1 Resultados do teste do modelo

Os resultados relativos ao arrasto medido da rede à escala real a partir da experiência-modelo para as duas redes-modelo (com cobertura 1:20 e sem cobertura 1:20), de acordo com a lei de Tauti, e o arrasto simulado da rede à escala real são apresentados na Fig. 13 e na Fig. 14, respetivamente. O arrasto das duas redes de arrasto aumenta à medida que a velocidade aumenta.

O arrasto medido da rede de arrasto com cobertura foi superior ao da rede de arrasto sem cobertura em 27%, 19% e 9% a 1,0, 1,25 e 1,5 m/s, respetivamente (Fig. 13). Os arrastos simulados dos modelos de rede de arrasto com cobertura e sem cobertura apresentaram um intervalo muito próximo, mas o arrasto da rede de arrasto com cobertura foi superior em 6%, 5% e 2% à velocidade de arrasto de 1,0, 1,25 e 1,5 m/s, respetivamente (Fig. 14). Os arrastos simulados das duas redes foram superiores ao valor medido para a rede à escala real em 16% e 35%, à velocidade de 1 m/s para a rede de arrasto coberta e a rede de arrasto sem cabeça, respetivamente (Fig. 15 e Fig. 16), mas, à medida que a velocidade aumenta, o valor medido do arrasto torna-se mais elevado a 1,25 m/s e a 1,5 m/s em 10% e 15%, respetivamente, para a rede de arrasto coberta (Fig. 16) e em 8% a 1,5 m/s para a rede de arrasto sem cabeça (Fig. 15). O arrasto medido foi 5% mais elevado do que o simulado a 1,25 m/s para a rede de arrasto sem cobertura (Fig. 15).

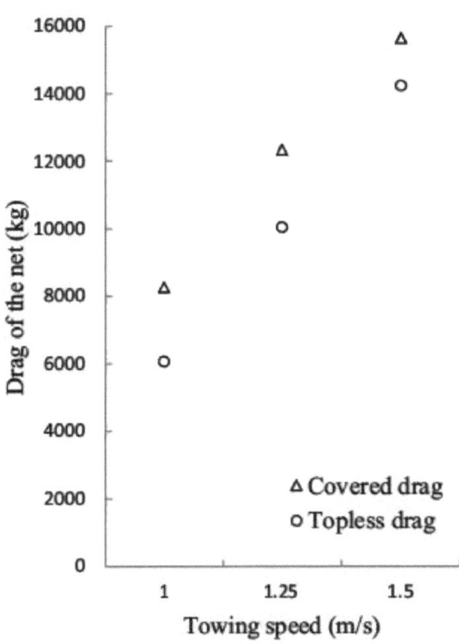

Fig. 13. Comparação dos arrastos medidos da rede de arrasto coberta com os modelos de rede de arrasto sem cabeça.

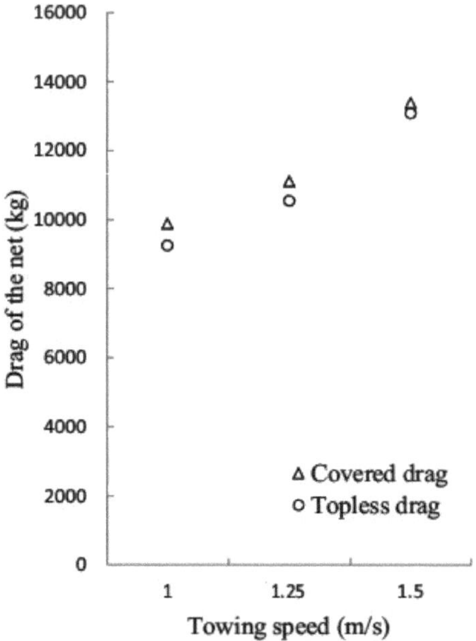

Fig. 14. Comparação dos arrastos simulados da rede de arrasto coberta com os modelos de rede de arrasto sem cabeça.

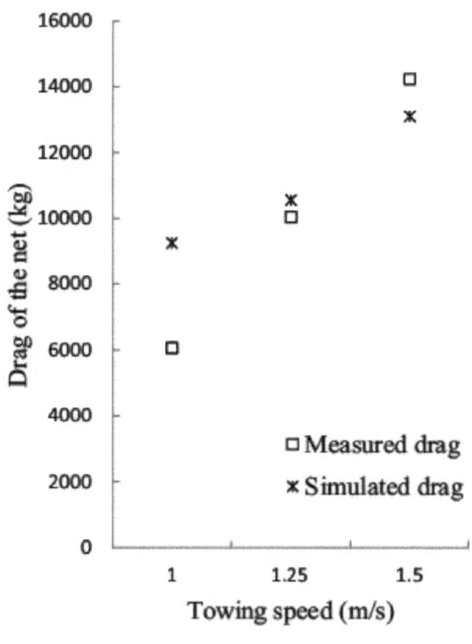

Fig. 15. Relação entre os arrastos medidos e o arrasto simulado do modelo de rede de arrasto sem cabeça.

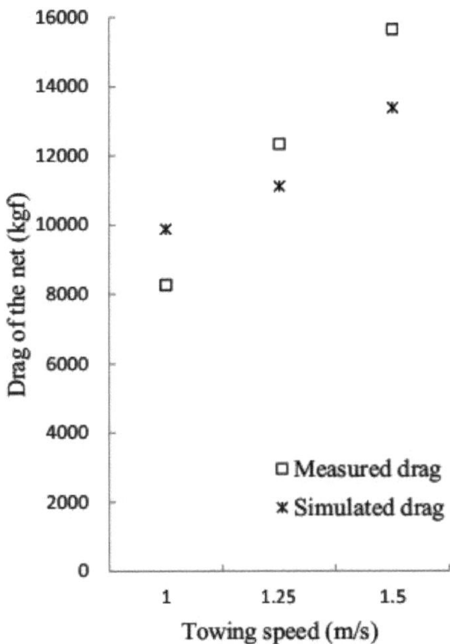

Fig. 16. Relação entre os arrastos medidos e o arrasto simulado do modelo de rede de arrasto coberta.

3.2 Resultados da simulação

3.2.1 Arrastar

O arrasto total da rede de arrasto coberta é mais elevado do que o da rede de arrasto sem cabeça a todas as velocidades. Verificou-se que o arrasto total e o arrasto da rede estão diretamente relacionados com a velocidade de arrasto (quadros 4 e 5).

Quadro 4. Geometria e medida de força da rede de arrasto coberta em função da velocidade de arrasto

TS[1]	m/s	1.0	1.25	1.5
	Porta (m)	24.14	30.17	36.55
WES medido[2] (Total)	UW[3] (m)	5.84	7.32	9.04
	LW[4] (m)	6.63	8.02	10.08
WES calculado (total)	(m)	5.57	7.0	8.4
	WE[5] (m)	1.07	1.06	1.04
	HL[6] (m)	1.45	1.42	1.38
BA[7]	(°)	11	13	16
Força (Total)	(N)	9885.39	11115.5	13381.5

Força (líquida)	(N)	6298.16	8180.74	8871.63

1Velocidade de tração, 2Estendimento da extremidade da asa 3Asa superior, 4Asa inferior 5Extremidade da asa, 6Abertura da linha de direção, e 7Ângulo do freio

Quadro 5. Geometria e medida de força da rede de arrasto sem cabeça em função da velocidade de arrasto

TS[1]	m/s	1.0	1.25	1.5
	Porta (m)	27.99	32.81	39.08
WES medido[2] (Total)	UW[3] (m)	9.11	10.77	13.13
	LW[4] (m)	8.62	10.27	12.70
WES calculado (total)	(m)	6.46	7.57	9.02
	WE[5] (m)	0.62	0.53	0.38
	HL[6] (m)	1.24	1.04	0.84
BA[7]	(°)	12	15	17
Força (Total)	(N)	9256.88	10552.3	13094.3
Força (líquida)	(N)	7497.58	8649.09	10928.4

1Velocidade de tração, 2Estendimento da extremidade da asa, 3Asa superior, 4Asa inferior, 5Extremidade da asa, 6Abertura da madre e 7Ângulo do freio

3.2.2 Ângulo do freio

O ângulo do freio para cada rede de arrasto foi calculado adicionando o comprimento do cabo de arrasto ao comprimento do freio para formar a hipotenusa e a metade da extensão da tábua de lontra para formar a base (Eq. 33). Verificou-se uma dependência linear do ângulo do freio com a extensão do reboque, mas a extensão da extremidade da asa é inversamente proporcional à velocidade de reboque. (Quadros 4 e 5).

3.2.3 Alargamento calculado da extremidade da asa

O cálculo da extensão da extremidade da asa para cada rede de arrasto foi efectuado utilizando a Eq. 34. Os valores para cada parte encontram-se nos quadros 4 e 5. Uma comparação entre a abertura da extremidade superior da asa da rede de arrasto coberta e da rede de arrasto sem cobertura mostrou que 35,9% e 31,2% da rede de arrasto sem cobertura eram mais largas do que a rede de arrasto coberta a 1,0 m/s e 1,5 m/s, respetivamente (Fig. 17). A extremidade inferior da asa das redes de arrasto sem cobertura era 23,1% e 20,6% mais larga do que a das redes de arrasto cobertas a 1,0 m/s e 1,5 m/s, respetivamente (Fig. 18). Tanto a extremidade superior como a inferior da asa estão linearmente relacionadas com a velocidade de arrasto.

A comparação da altura do cabo das duas redes de arrasto mostrou igualmente que a rede de arrasto sem cabeça se abria mais 14,5% a 1,0 m/s e 39,1% a 1,5 m/s. Existe uma relação inversa entre a altura do cabo e a velocidade de arrasto

(Fig. 19).

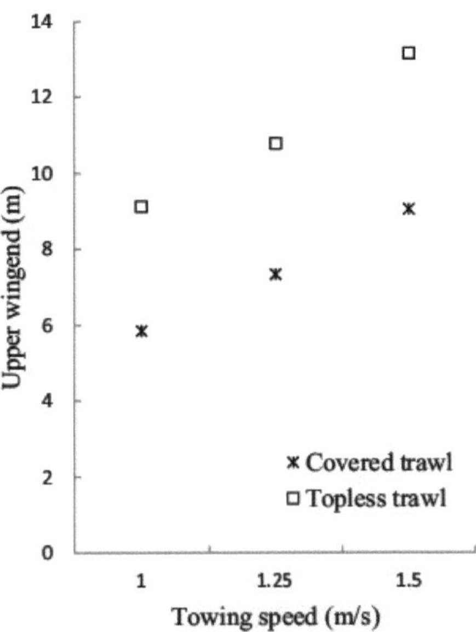

Fig. 17. Relação entre a abertura da extremidade superior da asa da rede de arrasto com cobertura e sem cobertura.

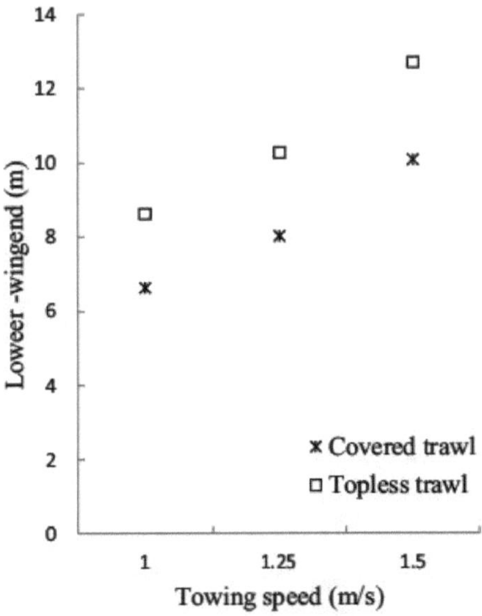

Fig. 18. Relação entre a abertura da extremidade inferior da asa da rede de arrasto com cobertura e sem cobertura.

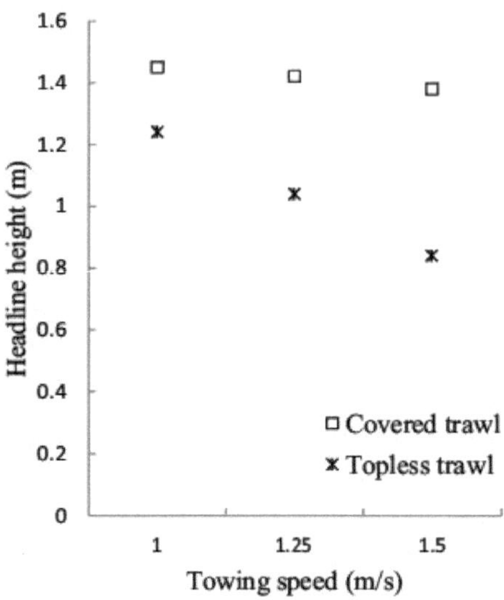

Fig. 19. Comparação entre a altura da linha da frente da rede de arrasto coberta e da rede de arrasto sem cabeça.

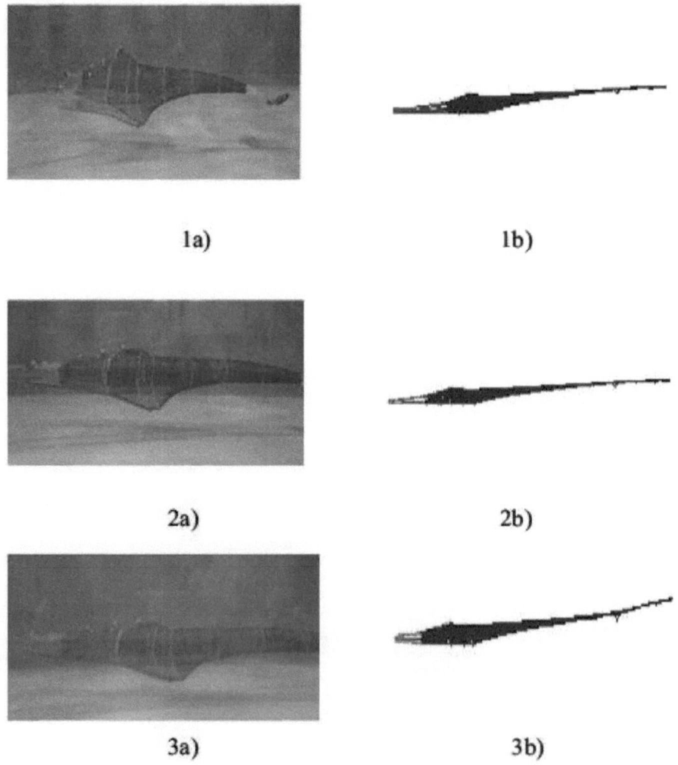

Fig. 20. Comparação entre o modelo coberto no tanque de calha e a rede de arrasto simulada à escala real coberta às três velocidades utilizadas (la,2a e 3a a 1,0, 1,25 e 1,5 m/s, lb,2b e 3b a 1,0, 1,25 e 1,5 m/s, respetivamente).

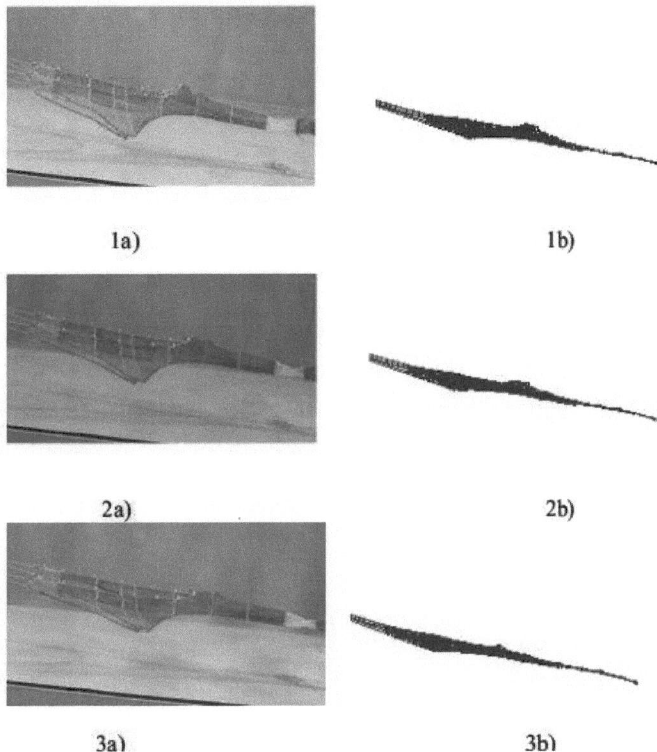

Fig. 21. Comparação entre o modelo sem tampa no tanque de calha e o modelo com
rede de arrasto simulada à escala real, sem cabeça, às três velocidades utilizadas (la,2a e
3a estão a 1,0,1,25 e 1,5 m/s , lb,2b e 3b estão a 1,0,1,25 e 1,5 m/s respetivamente).

3.2.4 Sondas múltiplas

Cada uma das redes de arrasto para camarão foi transformada em redes de arrasto duplas e triplas. As redes de arrasto cobertas foram transformadas em redes de arrasto duplas, enquanto as redes de arrasto sem cabeça foram transformadas em redes de arrasto triplas e simuladas. Foi igualmente simulada uma rede de arrasto simples com a mesma superfície de rede de fio que a rede de arrasto dupla.

O arrasto total da rede de arrasto tripla sem cabeça foi mais elevado do que o da rede de arrasto dupla e da rede de arrasto simples em todas as velocidades de arrasto (Quadros 6 a 8); foi cerca de 20% mais elevado do que o da rede de arrasto dupla e 58,2% mais elevado do que o da rede de arrasto simples (Fig. 22).

Table 6. Geometria e medida de força da rede de arrasto tripla em função da velocidade de arrasto

TS[1]	m/s	1.0	1.25	1.5
	Porta (m)	34.15	35.76	44.73
WES medido[2] (Total)	UW[3] (m)	21.96	23.88	28.89
	LW [4] (m)	23.64	24.75	27.69
WES calculado (total)	(m)	7.88	8.25	10.32
	WE[5] (m)	0.53	0.43	0.43
	HL[6] (m)	1.5	1.11	1.02
BA[7]	(°)	15	16	20
Força (Total)	(N)	27253.9	31616.2	38523
Força (líquida)	(N)	18174.9	22041.3	27815.7

1 Velocidade de reboque, 2Estendimento da extremidade da asa, 3Asa superior, 4Asa inferior, 5Extremidade da asa, 6Abertura da linha de direção, e 7Ângulo da ponteira

Table 7. Geometria e medida de força da rede de arrasto dupla em função da velocidade de arrasto

TS[1]	m/s	1.0	1.25	1.5
	Porta (m)	27.36	27.37	37.87
WES medido[2] (Total)	UW[3] (m)	17	17.4	22.9
	LW[4] (m)	17.5	17.8	24.28
WES calculado (total)	(m)	6.31	6.32	8.74
	WE[5] (m)	0.5	0.5	0.5
	HL[6] (m)	1.47	1.3	1.2
BA[7]	(°)	12	12	17
Força (Total)	(N)	22773.8	26650.4	30826.3
Força (líquida)	(N)	14585.2	16740.8	18219.1

1 Velocidade de reboque, 2Estendimento da extremidade da asa, 3Asa superior, 4Asa inferior, 5Extremidade da asa, 6Abertura da linha de direção, e 7Ângulo da ponteira

Table 8. Geometria e medida de força da rede de arrasto simples em função da velocidade de arrasto

TS[1]	m/s	1.0	1.25	1.5
	Porta (m)	28.16	32.39	35.85
WES medido[2] (Total)	UW[3] (m)	15.05	16.77	18.69
	LW[4] (m)	15.98	17.52	19.52

WES calculado (total)	(m)	6.5	7.47	8.27
	WE[5] (m)	0.68	0.96	0.82
	HL[6] (m)	1.40	2.32	2.28
BA[7]	(°)	13	14	16
Força (Total)	(N)	10397.4	12831.7	16111.2
Força (líquida)	(N)	8101.19	9436.01	13199.2

1 Velocidade de reboque, 2Estendimento da extremidade da asa, 3Asa superior, 4Asa inferior, 5Extremidade da asa, 6Abertura da linha de direção, e 7Ângulo do freio

3.2.5 Altura do cabo, abertura da placa da lontra, ângulo do freio e abertura da extremidade da asa

A altura da linha da frente foi também inversamente proporcional à velocidade de arrasto para as redes de arrasto triplas e duplas, enquanto a altura da linha da frente da rede de arrasto simples aumentou acentuadamente entre 1,0 m/s e 1,5 m/s. A altura do cabo da rede do arrasto duplo era 2% mais elevada do que a do arrasto triplo sem cabeça a 1,0 m/s e 12% mais elevada a 1,5 m/s. (Fig. 23). As portas da rede de arrasto tripla eram mais largas do que as da rede de arrasto dupla e da rede de arrasto simples a todas as velocidades de arrasto, chegando a ser 7 m mais largas do que as da rede de arrasto dupla e 9 m mais largas do que as da rede de arrasto simples a 1,5 m/s (fig. 24). As portas de lontra das três redes de arrasto tinham a sua abertura mais larga a 1,5 m/s; à medida que a velocidade aumenta, a abertura da porta de lontra aumenta (Fig. 24). O ângulo de freio da rede de arrasto tripla é 20%, 25% e 15% mais largo do que o da rede de arrasto dupla e 13%, 12,5% e 20% mais largo do que o da rede de arrasto simples nas três velocidades consideradas (Fig. 25). As extremidades das asas da rede de arrasto tripla são consistentemente mais largas do que as das redes de arrasto gémeas e simples a todas as velocidades de arrasto. A extremidade superior da asa da rede de arrasto tripla era 21 % e 35 % mais larga do que a da rede de arrasto dupla e simples, respetivamente, a 1,5 m/s, enquanto a extremidade inferior era 12 % e 30 % mais larga à mesma velocidade (figuras 26 e 27). A abertura da extremidade da asa calculada mostra também que a rede de arrasto tripla é a mais larga a todas as velocidades de arrasto, sendo 15% mais larga do que a rede de arrasto dupla e 20% mais larga do que a rede de arrasto simples a 1,5 m/s (Fig. 28), o que permite verificar o cumprimento do objetivo de conceção.

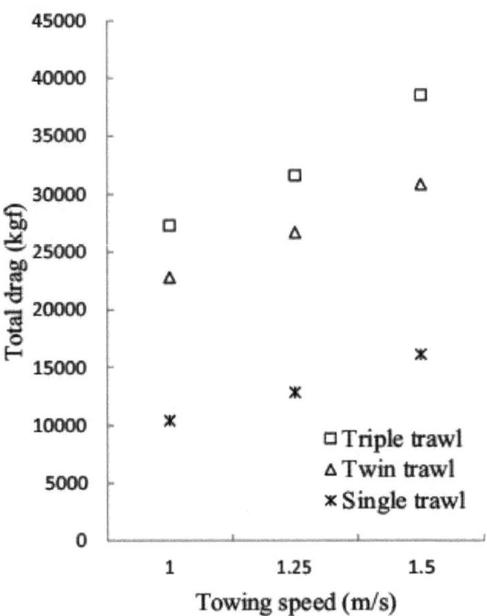

Fig. 22. Comparação entre o arrasto total das redes de arrasto triplas, duplas e simples .

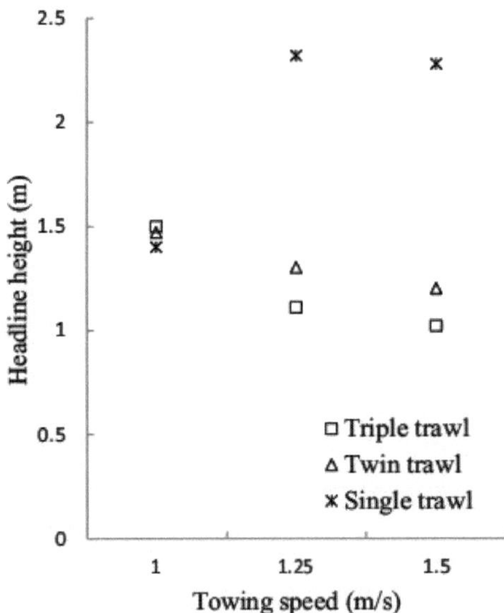

Fig. 23. Comparação entre a altura do cabeçalho dos modelos triplo, duplo e as redes de arrasto simples.

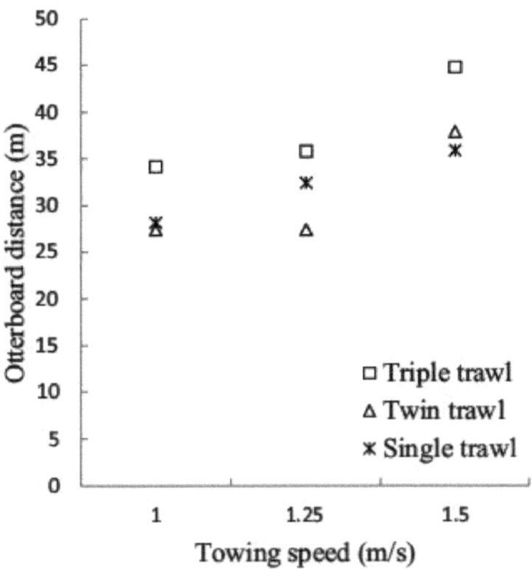

Fig. 24. Comparação da distância de abertura da tábua de lontra entre as três redes de arrasto.

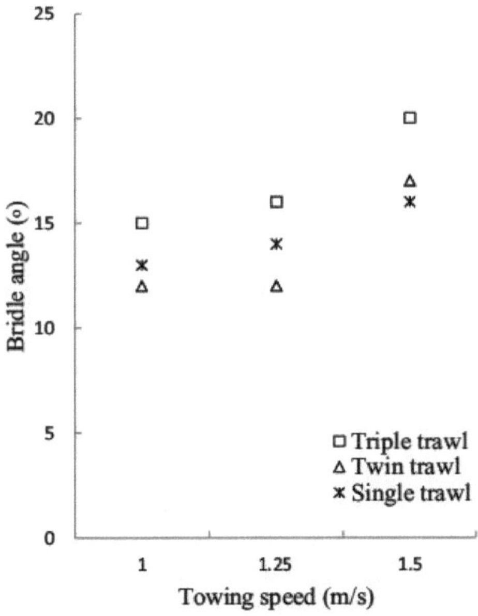

Fig. 25. Comparação do ângulo da cabeçada para todas as redes de arrasto.

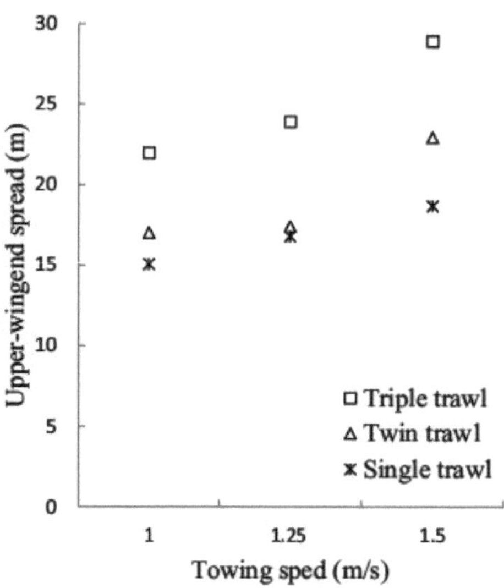

Fig. 26. Comparação da abertura da extremidade superior da asa para cada uma das três redes de arrasto.

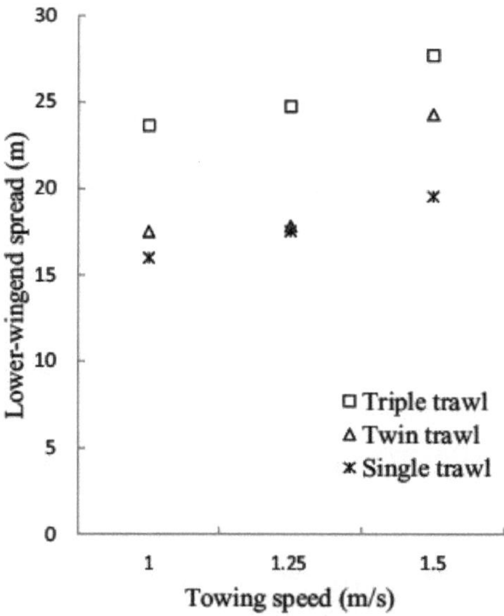

Fig. 27. Comparação da abertura da extremidade inferior da asa para cada uma das três redes de arrasto.

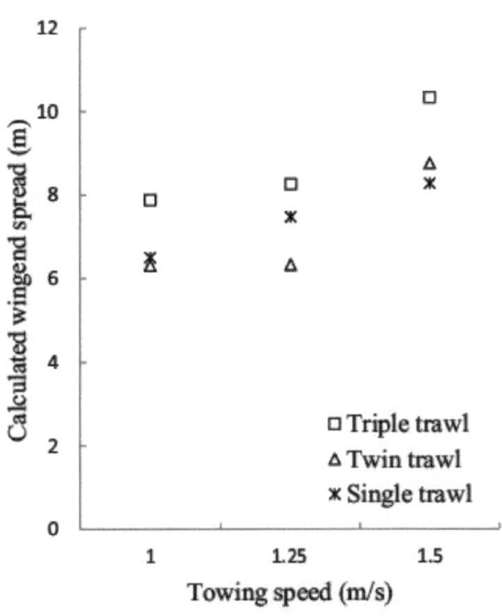

Fig. 28. Comparação da distância calculada entre as extremidades das asas para cada uma das três redes de arrasto.

Enquanto a área varrida da rede de arrasto tripla sem capota diminui com a velocidade, o volume varrido aumenta (Tabelas 9). A rede de arrasto dupla apresentou um aumento da área varrida à velocidade de 1,0 m/s, mas diminuiu a 1,25 m/s, apenas para aumentar novamente a 1,5 m/s. A rede de arrasto simples registou um aumento constante da área varrida. A rede de arrasto tripla varreu até 25% e a 36%, volumes superiores aos da rede de arrasto dupla e da rede de arrasto simples a 1,0. As diferenças no volume varrido entre a rede de arrasto tripla e a rede de arrasto dupla reduziram-se significativamente com o aumento da velocidade (Fig. 29). O passo de tempo de 150 segundos foi adotado para esta simulação.

Tabela 9. Área varrida e volume por dia da rede de arrasto tripla em relação para as velocidades de reboque

Velocidade de reboque	m/s	1.0	1.25	1.5
Duração do reboque	h	3	3	3
Horas de filmagem/dia		5	5	5
Mudança	m	54000	67500	81000
distância/dia	2 m	26.9	21.4	22.7
Área varrida	" 3 m	$145.2x1o^4$	$144,5\ xlO^4$	183.8
Volume varrido				xlO^4

Tabela 10. Área varrida e volume por dia da rede de arrasto dupla em relação para as velocidades de reboque

Velocidade de reboque m/s		1.0	1.25	1.5
Duração do reboque	h	3	3	3
Horas de filmagem/dia		5	5	5
Mudança	m	54000	67500	81000
distância/dia	2 m	20.05	18	22.24
Área varrida	" 3 m	108.3 X 10^4	121.5X	180.1X
Volume varrido			10^4	10^4

Tabela 11. Área varrida e volume por dia da rede de arrasto simples em em relação às velocidades de tração

Velocidade de reboque m/s		1.0	1.25	1.5
Duração do reboque	h	3	3	3
Horas de filmagem/dia		5	5	5
Mudança	m	54000	67500	81000
distância/dia	m^2	17.07	31.25	34.22
Área varrida	m^3	92.2 X 10^4	211X10^4	277.2
Volume varrido				xlO^4

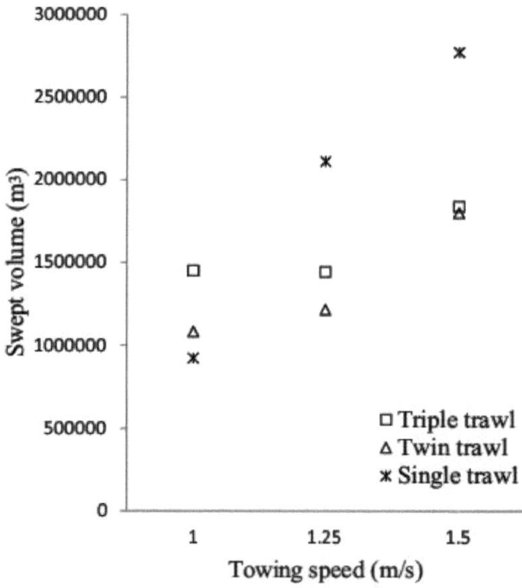

Fig 29 Comparação do volume varrido das três redes de arrasto.

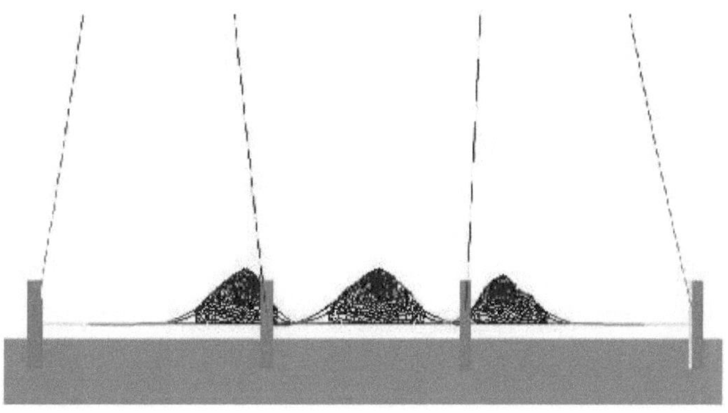

Fig 30 Forma subaquática da rede de arrasto tripla sem cabeça simulada num computador.

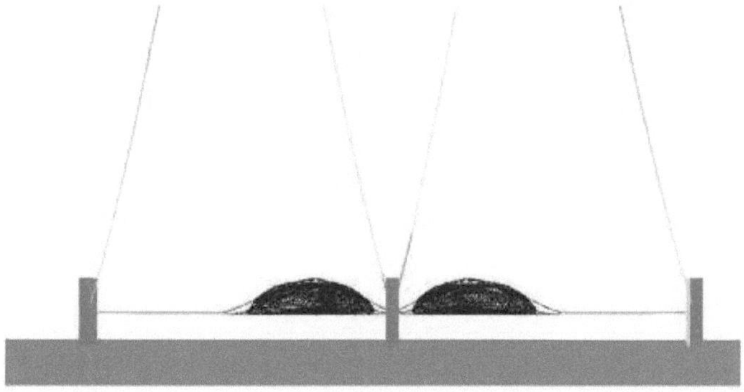

Fig. 31. Forma subaquática da rede de arrasto dupla simulada em computador.

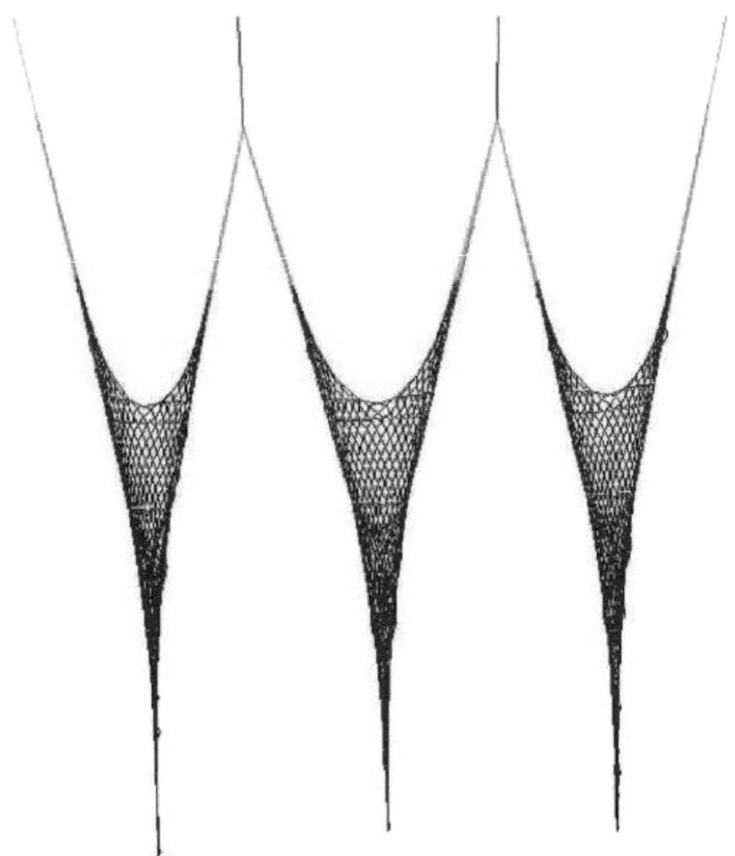

Fig. 32. Vista aérea subaquática da forma da rede de arrasto tripla sem cabeça simulada num computador.

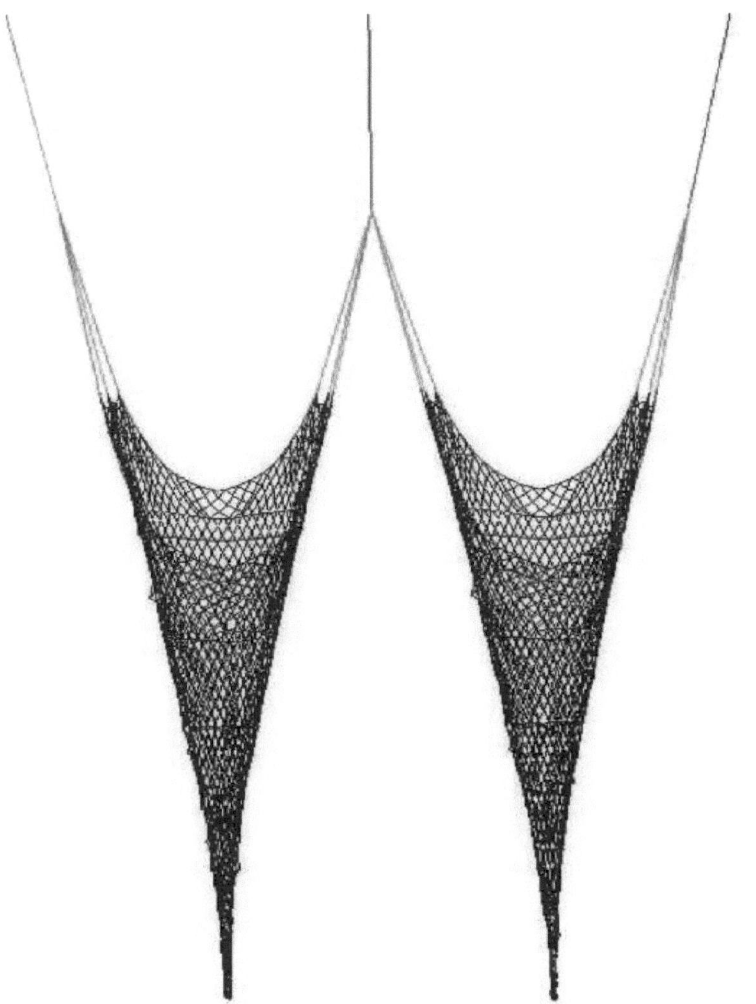

Fig. 33. Vista aérea subaquática da forma da rede de arrasto dupla simulada em computador.

Fig. 34. Vista aérea subaquática da forma da rede de arrasto simples simulada num computador.

4 DISCUSSÃO

A análise mostrou que tanto a simulação de arrasto como o ensaio do modelo físico estão em conformidade com os objectivos de conceção especificados, ajudando assim a reduzir a incerteza quanto ao desempenho futuro do protótipo.

4.1 Arrasto/ Ângulo do freio

O arrasto medido da rede de arrasto coberta foi superior ao da rede de arrasto sem cabeça em 27%, 19% e 9% a 1,0, 1,25 e 1,5 m/s, respetivamente. Este facto é esperado, uma vez que 22,5% da área total do fio, que representa a parte quadrada e a primeira parte da barriga, foram removidos do painel superior da rede de arrasto sem cobertura. Os arrastos simulados dos modelos de rede de arrasto com cobertura e sem cobertura apresentaram uma variação muito próxima, mas o arrasto da rede de arrasto com cobertura foi superior em 6%, 5% e 2% à velocidade de arrasto de 1,0, 1,25 e 1,5 m/s, respetivamente. Os arrastos simulados das duas redes foram superiores ao valor medido para a rede à escala real em 16% e 35%, à velocidade de 1,0 m/s para a rede de arrasto coberta e a rede de arrasto sem cabeça, respetivamente; contudo, à medida que a velocidade aumenta, o valor medido do arrasto torna-se mais elevado a 1,25 m/s e a 1,5 m/s em 10% e 15%, respetivamente, para a rede de arrasto coberta,

e 8% a 1,5 m/s para a rede de arrasto sem cabeça. O arrasto medido foi 5% mais elevado do que o simulado a 1,25 m/s para a rede de arrasto sem cabeça. Estas percentagens de aumento do valor do arrasto medido em relação aos valores simulados são consideravelmente inferiores a 70% (SeaFish, 1992) e a cerca de 50% que Hu et al. (2001) referiram nos seus trabalhos. Estas diferenças percentuais mais baixas dos arrastos neste trabalho validam os resultados das simulações com o software MPSL.

O arrasto total da rede de arrasto tripla sem cabeça é mais elevado do que o da rede de arrasto dupla e da rede de arrasto simples em todas as velocidades de arrasto; foi cerca de 20% e 58% mais elevado do que o da rede de arrasto dupla e da rede de arrasto simples, respetivamente, a 1,5 m/s. As razões para este facto podem ser atribuídas ao menor intervalo de tempo utilizado para esta experiência de simulação. Enquanto a rede de arrasto simples se abriu completamente e estabilizou, a rede de arrasto tripla requer mais tempo para se abrir e estabilizar. Pela mesma razão, a rede de arrasto tripla varreu menos área em comparação com a rede de arrasto simples a 1,25 m/s e 1,5 m/s. Um tempo de simulação mais longo dará melhores resultados a favor da rede de arrasto tripla sem tampa. O arrasto líquido foi, em média, 71% do arrasto total para a rede de arrasto tripla, 63% para a rede de arrasto dupla e 75% para a rede de arrasto simples. Dante et al. (2009) e

FRDC (2005) registou uma resistência da rede de 63% para uma rede de arrasto simples. O arrasto total mais elevado da rede de arrasto tripla no presente estudo não pode ter sido provocado pelo pano de rede, uma vez que a peça quadrada e a primeira parte superior da barriga, que representava 22,5% da área total do fio, foram removidas. Wakeford (1999) demonstrou que um aumento do rácio de dispersão de 83% para 87% provocava uma transferência de tensão significativa da corda de pé para a linha da cabeça, o que criava dificuldades operacionais. Além disso, uma razão de abertura mais elevada resulta numa maior área de fio exposta ao fluxo num ângulo maior de ataque, o que provoca um arrasto globalmente mais elevado. Na maioria das situações de arrasto demersal, a extensão da extremidade da asa deve situar-se entre 30% e 50% do comprimento do cabo (SeaFish, 2010). O rácio de dispersão da rede de arrasto tripla neste trabalho não excedeu 45%. O único peso extra foi o dos tufos centrais adicionais, necessários para abrir a rede de arrasto tripla. Este arrasto mais elevado da rede de arrasto tripla sem cabeça mostra que, para além da área do fio, existem outros factores que aumentam o arrasto total de uma rede de arrasto. O ângulo da cabeçada da rede de arrasto tripla é 20%, 25% e 15% mais largo do que o da rede de arrasto dupla e 13%, 12,5% e 20% mais largo do que o da rede de arrasto simples nas três velocidades consideradas. Este facto deve-se ao facto de o cálculo do ângulo de freio se basear na distância de abertura da madre e, uma vez que a rede de arrasto tripla e a rede de arrasto dupla têm duas madres (estibordo e bombordo) cada uma, como a rede de arrasto simples, seria correto utilizar as distâncias das suas madres.

4.2 Boca de rede

A rede de arrasto tripla cumpriu o objetivo do projeto, abrindo mais do que a rede de arrasto dupla e simples. A rede de arrasto tripla varreu até 25% mais do que a rede de arrasto dupla e 36% mais do que a rede de arrasto simples a 1,0 m/s. Isto pode ser interpretado como sendo um sistema mais eficiente em termos de combustível, especialmente em termos de áreas varridas comparáveis. Com menos área de fio, varrer uma área mais vasta e mais volume significa que a rede de arrasto tripla sem cabeça é uma otimização da rede. A inclinação observada para fora das asas da rede de arrasto sem cabeça, tanto no tanque de calha como nos modelos simulados, o que está de acordo com Michael et al. (2011), faz com que as redes de arrasto sem cabeça se abram mais. A asa mais comprida da rede de arrasto tripla sem cabeça e a elevação da parte inferior do ventre, que aumenta a altura da manchete, foram algumas das razões pelas quais a rede de arrasto tripla conseguiu varrer uma área maior e mais volume. Uma asa mais comprida significa uma manchete mais comprida e mais flutuadores. O valor mais elevado da abertura da extremidade da asa e da linha da cabeça da rede de arrasto sem barbatana do que da rede de arrasto coberta está de acordo com He et al. (2007).

4.3 Modificação da engrenagem

A investigação recente no sector do camarão centrou-se principalmente na redução das capturas acessórias, no comportamento do camarão e nos efeitos da pesca de arrasto do camarão no fundo do mar, tendo sido dada pouca atenção à conceção das artes de pesca. No entanto, as modificações das artes podem não só melhorar a rentabilidade da pesca, mas também maximizar os efeitos sobre a sustentabilidade ecológica. Demasiadas vezes, as soluções baseadas em modificações das artes de pesca são ignoradas e, em vez disso, são implementadas alterações de carácter operacional (Balash, 2012). O resultado deste trabalho sobre a rede de arrasto tripla mostrou que uma modificação da arte pode resolver mais do que um problema de cada vez, ou seja, menos área de fio varrendo mais área e/ou volume.

4.4 Comparação de métodos de ensaio de desempenho

Um estudo experimental pode ser efectuado em modelo ou à escala real. As experiências à escala real no mar garantem a inclusão de todos os factores que influenciam o processo. No entanto, cada ensaio é afetado por factores secundários que não são controlados e são arbitrários (correntes, ondas, vento e irregularidades no fundo do mar). A experiência à escala real é o melhor método, mas é muito dispendiosa. Nas experiências com modelos, um processo estudado tem normalmente de ser simplificado com determinados pressupostos que podem produzir um erro. No entanto, as experiências com modelos eliminam o efeito do ruído do ambiente e são também mais económicas. O terceiro método de teste de desempenho é a utilização de software informático para simulação. Este é o método mais barato; no entanto, tem alguns pressupostos que podem não o tornar muito exato. Winger et al. (2006) resume as razões apresentadas por Dickson, (1959) e Dickson, (1961) e Fridman, (1973) e Fridman, (1986) relativamente aos benefícios de construir e testar modelos à escala física de artes de pesca. Embora os benefícios sejam numerosos, vale a pena salientar várias vantagens, tais como, a modelação permite observações visuais que podem levar a possíveis defeitos no projeto. É possível examinar claramente os efeitos de alterações na conceção e no equipamento, o efeito da velocidade de reboque na geometria e na orientação e medir as forças que actuam sobre as artes e os movimentos das artes de pesca. Embora a modelação computacional seja uma ferramenta complementar valiosa para avaliar o comportamento das artes de pesca de arrasto pelo fundo (Prat et al., 2008), e possa estimar as configurações e cargas da forma da rede, os defeitos de conceção são claramente visíveis no tanque de calha e não requerem mais interrogações, enquanto a visualização dos resultados da simulação é muito mais complexa. Isto foi demonstrado nas fases de avaliação dos modelos utilizados para este estudo no tanque de calha, onde foi possível observar deficiências na estimativa de flutuadores ou a necessidade de uma pipa no centro do comprimento do cabo. Foi notada a ocorrência de fluttering no centro do manche. Nas fases anteriores da simulação, estas deficiências no desempenho da rede de arrasto não eram evidentes, o que claramente poderia comprometer a sua eficiência selectiva. A este respeito, o desempenho da rede em relação ao fluxo é um ponto de interesse, porque é necessário conceber artes de pesca que gerem pouca ou nenhuma vibração da malha, uma vez que esta pode provocar uma resposta comportamental indesejada nos peixes, comprometendo a eficiência de um dispositivo de seleção ou modificando os fluxos para melhorar a seletividade. Embora estes aspectos possam ser importantes, a fiabilidade do software de simulação adotado para este trabalho foi bem validada por vários ensaios no mar para o sistema de artes de arrasto (Lee e Cha, 2002).

Pode também acrescentar-se que, enquanto a avaliação do tanque de imersão pressupõe uma abertura constante da boca da rede, a simulação mostra o processo de abertura da rede e a abertura máxima da tábua de lontra a cada velocidade. Outra diferença pode ser observada no que respeita à abertura das extremidades das asas, uma vez que o modelo à escala apresenta menos alterações em função da velocidade do que a simulação dinâmica. Isto explica-se principalmente porque no tanque de calha não é possível reproduzir o comprimento total da empenagem, o que limita a capacidade de funcionamento correto das portas. É importante que o processo ideal para a conceção de um sistema de arrasto seja a utilização de ambas as ferramentas de forma complementar e numa sequência lógica de trabalho, utilizando a simulação dinâmica para progredir na definição de um projeto e, em seguida, recomenda-se a avaliação do protótipo num tanque de calha para aperfeiçoar o seu desempenho correto e potenciais defeitos.

4.5 Vantagens da rede de arrasto tripla sem cabeça

A rede de arrasto tripla sem barbatana cumpriu o objetivo deste trabalho, que é a maior abertura horizontal. Outra justificação foi a possível diminuição dos impactos da pesca nas espécies capturadas acessoriamente, uma vez que muitos dos peixes ósseos teriam escapado antes de entrar na rede. Isto ajudará a manter a biodiversidade ecológica e a resiliência destas comunidades demersais, bem como ajudará a pescaria a cumprir o requisito legislativo de operar sob os princípios do desenvolvimento ecologicamente sustentável. He et al. (2007) relataram que a pesca comparativa com redes de arrasto sem cabeça reduziu as capturas acessórias de arenque do Atlântico numa média de 86,6% e, ao mesmo tempo, produziu um aumento modesto de 13,5% na captura do camarão rosa.

Parkins et al. (2011) também relataram que as redes de arrasto sem cabeça têm o potencial de excluir tartarugas sem afetar a captura de espécies-alvo. De acordo com Michael et al. (2011), uma área potencial de perda de peixes chatos ao longo das asas da rede de arrasto pode ser mais prevalecente com a rede de arrasto sem topo, que não tinha asa superior. O teste de um modelo de rede sem capota num tanque de calha indicou que as asas tendiam a inclinar-se para fora. Alguns indícios de que as asas

O comportamento semelhante do peixe chato debaixo de água foi observado num vídeo subaquático. Esta inclinação, observaram, pode levar os peixes chatos e outros a escapar da rede pela parte superior da asa. Este estudo está de acordo com a inclinação para fora das asas de arrasto sem cabeça, tanto no tanque do canal como nos modelos simulados. Isto pode ser o resultado do incremento do comprimento do cabo contra a linha de pesca, que é o oposto da configuração tradicional da rede de arrasto para camarão.

Ao reduzir as capturas acessórias, o arrasto ou a resistência da arte de pesca diminuirá e será necessária menos potência de reboque do motor do navio de pesca. Esta situação contribuirá para reduzir o consumo de combustível nas operações de pesca.

Permitir que o peixe não intencional escape é uma forma de seletividade que aumentará a eficiência da produção de camarão e resultará em viagens mais curtas ao mar e menos tempo gasto na triagem. A redução do número de viagens no mar resultaria também em capturas de melhor qualidade, o que é particularmente importante nesta pescaria devido à natureza perecível do camarão. Os armadores e os capitães dos navios de pesca do camarão têm de aceitar que qualquer redução das capturas acessórias resultante da utilização desta rede de arrasto tripla sem barbatanas pode ser mais do que compensada pelo aumento da qualidade e da quantidade das capturas de camarão e pela poupança nos custos de combustível. A redução do número de dias no mar teria um impacto económico, na medida em que reduziria os custos de combustível e as despesas gerais de funcionamento. O aumento da duração dos períodos de reboque e o menor número de lanços por viagem no caso da rede de arrasto tripla, em comparação com a rede de arrasto dupla ou simples, implicaria uma menor fadiga dos cabos e blocos de reboque, reduzindo os custos de manutenção e de substituição.

Outra vantagem desta rede de arrasto tripla, tal como acontece em muitas plataformas múltiplas, é que as perdas de tempo, mão de obra e dinheiro gastos com o equipamento serão menores. Isto deve-se ao facto de apenas ser necessário reparar ou substituir uma pequena rede de arrasto em vez de uma grande. Além disso, as tripulações das embarcações preferirão a rede de arrasto tripla porque beneficiarão financeiramente de maiores capturas e porque será necessário menos esforço para operar a arte do que com a rede de arrasto simples ou a rede de arrasto dupla, muito maiores. Uma outra vantagem é o facto de, se uma rede de arrasto se sujar ou ficar gravemente danificada, se presumir que apenas se perde um terço das capturas, em comparação com as capturas totais quando se reboca uma rede de arrasto ou metade quando se reboca duas.

A modificação de artes de pesca comerciais para as tornar mais eficientes é um assunto muito delicado, de acordo com Valdemarsen e Suuronen (2001), podem ocorrer problemas de aceitação quando uma nova rede de arrasto é introduzida numa pescaria estabelecida. Para eliminar esses problemas, esta rede de arrasto tripla sem cabeça foi concebida para ser menos dispendiosa de construir e não ser difícil de operar e manter, uma vez que é utilizado o mesmo sistema de duas teias utilizado pela rede de arrasto dupla. Embora as capturas de peixes não visados (capturas acessórias) sejam reduzidas, o que é bom para a conservação, a quantidade e a qualidade do camarão serão aumentadas. As vantagens do sistema superam certamente as desvantagens. Esperamos que a rede de arrasto tripla para camarão sem tampa ajude a minimizar as capturas acessórias e a otimizar a potência de arrasto.

5 Conclusões e recomendações

Este trabalho demonstrou a boa sinergia dos métodos de simulação e do tanque de imersão na avaliação do desempenho das redes de arrasto. Embora qualquer um dos métodos seja suficientemente bom para testar uma rede de arrasto projectada, a combinação dos resultados, tal como feita neste trabalho, poderia ser melhor, especialmente porque existem alguns pressupostos com os dois métodos.

O teste do modelo da rede de arrasto sem capota mostrou um arrasto medido inferior ao da rede de arrasto coberta, embora a diferença não fosse grande; o mesmo foi registado na simulação.

Globalmente, o triplo topless tem um melhor desempenho do que o duplo arrasto.

6 REFERÊNCIAS

Alverson, D.L., Freeberg, M.H., Murawski, S.A., e Pope, J.G., 1994. A global assessment of fisheries bycatch and discards. FAO Fish. Tech. Pap. 339,1-233.

Balash, C , 2012. Prawn Trawl Shape Due to Flexural Rigidity and Hydrodynamic Forces (Forma da rede de arrasto de camarão devido à rigidez da flexão e às forças hidrodinâmicas). Tese de doutoramento, Universidade da Tasmânia.

Brewer, D.T., Rawlinson, N., Eayrs, S., e Burridge, C.Y., 1998. An assessment of bycatch reduction devices in a tropical Australian prawn trawl fishery. Fish. Res. 36, 195-215.

Broadhurst, M.K., 2000. Modificações para reduzir as capturas acessórias nas redes de arrasto de camarão: uma revisão e um quadro para o desenvolvimento. Rev. Fish Biol. Fish. 10, 27-60.

Eayrs, S. 2005. A Guide to Bycatch Reduction in Tropical Shrimp Trawl Fisheries Organização das Nações Unidas para a Alimentação e a Agricultura, Roma, Itália. 107pp.

FAO (Organização das Nações Unidas para a Alimentação e a Agricultura), 1999. The State of World Fisheries and Aquaculture 1998. FAO, Roma, Itália.

Fiorenti, L, Sala, A, Hansen, K, Cosmi, G e Palumbo, V 2004. Comparação entre o ensaio de modelos e os ensaios à escala real do novo projeto de redes de arrasto para a pesca de fundo em Itália, Fish. Sci., 70, 349-359.

FRDC 2005. Workshop da Corporação para o Desenvolvimento da Investigação Pesqueira (FRDC).

He, P., Goethel, D. e Smith, T. 2007. Conceção e teste de uma rede de arrasto de camarão sem cabeça para reduzir as capturas acessórias de peixes pelágicos na pesca do camarão rosa no Golfo do Maine. J. Northw. Atl. Fish. Sci., 38,13-21.

Hu, F., and Matuda K. Estimation of drag of mid-water trawl net (Estimativa do arrasto da rede de arrasto de meia-água). J. Tokyo Univ. Fish. 78: 19- 25.

Hu, F., Matuda, K., Tokai, T., e Haruyuki, K., 1995. Análise dinâmica do sistema de arrasto de meia-água através de um método bidimensional de massa fixa. Fish. Sci. 61, 229-233.

Hu, F, Matuda, K e Tokai, T., 2001. Efeitos do coeficiente de arrasto da rede para a semelhança dinâmica no teste de modelos de redes de arrasto, Fish. Sci., 67, pp. 84-89.

Isaksen, B., Valdermarsen,J.W., Larsen,R.B., e Karlsen,I.,1992. Redução das capturas acessórias de peixes ósseos em redes de arrasto de camarão utilizando uma grelha separadora rígida na barriga de popa. Fish. Res. 13, 335-352.

Kelleher, K. 2005. Discards in the world's fisheries an update. Organização das Nações Unidas para a Alimentação e a Agricultura, Roma.

Lee, J.H., Lee, C.W., Choe M.Y., e Lee, G.H.,2011. Aplicação de software de simulação de artes de pesca para melhor estimar o espaço pescado como esforço de pesca. Fish. Aquat. Sci. 14, 138-147.
Lee, C.W., e Lee, J.H., 2000. Modelação de um sistema de arrasto de meia-água no que respeita aos movimentos verticais. Fish. Sci. 66, 851-857.
Lee, C.W., Lee, J.H., e Kim, I.J., 2000. Aplicação de um controlador fuzzy a profundidade de uma rede de arrasto de meia-água. Fisheries Science 66, 858-862.
Lee C.W. 2002. Análise dinâmica e tecnologia de controlo de um sistema de artes de pesca. Fish. Sci. 68, 1835-1840
Lee, C.W. e Cha, B.J. 2002. Simulação dinâmica do comportamento de um sistema de arrasto de meia-água. Fish. Sci. 68, 1865-1868.
Lee, C.W., Lee, J.H., Cha, B.J., e Kim, H.Y., 2005. Modelação física para simulação dinâmica de sistemas flexíveis subaquáticos. Ocean Eng 32:331-347.
Lee J.H. 2009. Investigação experimental e métodos numéricos na análise dos fenómenos de deslocamento de correntes oceânicas de palangres. Dissertação de doutoramento, Universidade Norueguesa de Ciência e Tecnologia, Trondheim, Noruega.
Michael V., Pol, H., Carr, A., e Ribas, L. R. 2011. Redes de arrasto para peixes de fundo concebidas para reduzir a captura de bacalhau do Atlântico *Gadus morhua,*
Parkins C., DeAlteris, J., Milliken, H., e O'Rourke, M., 2011. Avaliação do desempenho de captura de uma rede de arrasto sem tampa na pesca de arrasto da solha de verão.
Pender, P.J., Willing, R.S., Cann, B., 1992. NPF bycatch a valuable resource? Aust. Fish. 51, 30-31.
Prat, J., Antonijuan, J., Folch, A. Sala, A. Lucchetti, A. Sardà, F., Manuel, A., 2008. Um modelo simplificado da interação entre as teias de arrasto, as lontras e o arrasto das redes Fish. Res., 94, 109-117.
Queirolo, D., DeLouche, H., e Hurtado, C. 2009. Comparação entre simulação dinâmica e teste de modelo físico de novo design de rede de arrasto para a pesca chilena de crustáceos. Fish. Res. 97, 86-94
Revill, A., Course, G e Pasco G, 2009. Estudos sobre artes de pesca selectivas Defra, (Divisão das Pescas) Londres (referência do projeto Cefas: MF 1002) Versão final 002 30 de abril de 2009.
SeaFish 1992. Testes em tanques de calha em três modelos de redes de arrasto (correlação modelo-escala total) Relatório SeaFish nº 407.
SeaFish, 2010. Multi rig trawling - how it has developed. Ficha de informação do sector de investigação e desenvolvimento. Setor Fact Sheet.

SeaFish, 2010. Cálculos do ângulo do freio e da extensão da extremidade da asa. Ficha de informação do sector de investigação e desenvolvimento. Setor Fact Sheet.

Valdemarsen, J. W. e Suuronen, P. 2001. Modificar as artes de pesca para atingir os objectivos do ecossistema. Conferência de Reykjavik sobre pesca responsável no ecossistema marinho. Reykjavik. Fish. Tech. Paper No. 19. outubro de 2001.

Vincent, B.,1999. Uma nova geração de ferramentas para redes de arrasto: simulação numérica dinâmica M. Paschen, W. Köpnick, G. Niedzwiedz, U. Richter, H.-J. Winkel (Eds.), Actas do Quarto Workshop Internacional sobre Métodos para o Desenvolvimento e Avaliação de Tecnologias Marítimas. Contribuições para a teoria das artes de pesca e sistemas marinhos conexos, Rostock, Alemanha, pp. 99-107.

Vincent, B., 2001. Relação entre o volume varrido e a velocidade de arrasto de uma rede de arrasto pelo fundo. In: Grupo de trabalho do CIEM sobre tecnologia de pesca e comportamento dos peixes. Conselho Internacional para a Exploração do Mar, Copenhaga, DK.

Vincent, B. e Marichal, D., 2006. Modelação da dinâmica das portas de arrasto numa arte de arrasto. Lee, Chun-Woo (Eds.), Actas do Sétimo Workshop Internacional sobre Métodos para o Desenvolvimento e Avaliação de Tecnologias Marítimas. Contribuições para a teoria das artes de pesca e sistemas marinhos conexos, Busan, Coreia (2006), pp. 71-79.

Wakaba, L. e Balachandar, S. 2007. Sobre a força de massa adicionada em números finitos de Reynolds e de aceleração. Theor. Comput. Fluid Dyn. 21, 147-153.

Wakeford, J. 1994. The Effect of Frameline Tapers on the Engineering Performance of Prawn Trawl Systems, Australian Maritime College, Launceston.

Watson, J., Foster, D., Scott-Denton, E., Nichols, S., e Nance, J., 1999. The development of bycatch reduction technology in the southeastern United States shrimp fishery. Mar. Technol. Soc. J. 33,51-56.

Winger, P., DeLouche, H. Legge, G., 2006. Conceber e testar novas artes de pesca: o valor de um tanque de calha. Mar. Technol.
Soc. J., 40, 44-49

Printed by Books on Demand GmbH, Norderstedt / Germany